# 每天成功一点点

## 让青少年受益一生的心理教育指南

宋喜霞◎著

江蘇鳳凰教育出版社
Phoenix Education Publishing, Ltd

**图书在版编目（CIP）数据**

每天成功一点点 ：让青少年受益一生的心理教育指南 ／ 宋喜霞著．—南京 ：江苏凤凰教育出版社，2017.1（2023.11重印）

ISBN 978-7-5499-5723-1

Ⅰ．①每… Ⅱ．①宋… Ⅲ．①成功心理－青少年读物 Ⅳ．①B848.4-49

中国版本图书馆CIP数据核字(2016)第090115号

**书　　名** 每天成功一点点 ：让青少年受益一生的心理教育指南
**作　　者** 宋喜霞
**责任编辑** 雷利军　范晨霞
**出版发行** 凤凰出版传媒股份有限公司
江苏凤凰教育出版社（南京市湖南路1号A楼　邮编210009）
**苏教网址** http://www.1088.com.cn
**照　　排** 北京枫林轩文化发展有限公司
**插图绘制** 阿芙拉童书
**印　　刷** 唐山富达印务有限公司
**厂　　址** 唐山市芦台经济开发区农业总公司三社区
**开　　本** 787毫米×1092毫米　1/16
**印　　张** 11.5
**字　　数** 148千字
**版　　次** 2017年1月第1版　2023年11月第2次印刷
**书　　号** ISBN978-7-5499-5723-1
**定　　价** 55.00
**网店地址** http://jsfhjycbs.tmall.com
**邮购电话** 025-85406265，85400774　短信 02585420909
**E － mail** jsep@vip.163.com
**盗版举报** 025-83658579

# 前言

江苏省锡山高级中学在百年前就确定了十大训育标准，那就是“锻炼健康强壮之体魄、陶冶言行一致之美德、涵养至公廉洁之节操、激发舍生为国之精神、鼓励服从团体之主张、训练谦恭温和之体貌、养成灵敏精密之头脑、练习增加生产之技能、培养节俭耐苦之习惯、增进活泼愉快之态度”，这“十大训育标准”从身心与道德、操守与价值、精神与气质、思维方式与实践能力、生活习惯与人生态度等方面提出了学校的人才培养目标。经过百年的发展，今天的育人目标定位为“生命旺盛、精神高贵、情感丰满、智慧卓越”。这个梳理过程，其实也是传承的过程，体现了锡山高级中学对“培养和谐而全面发展的人”的不懈追求。为满足学生发展的需要，锡山高级中学在 20 世纪 90 年代就将心理健康放入了选修课程之内。新课程改革的推进，再一次要求学校教育的视角转向学生的真正需求，所以锡山高级中学以行政班级为单位，开设了心理健康教育校本课程。通过心理健康教育课程的学习，学生能客观地认识自己、悦纳自己，充分发掘自身内在潜力；能学会控制和调节自己，从而克服心理困扰；能具备乐观进取、友善合群、开拓创新、追求卓越、不畏艰难的健全人格及良好的社会适应能力。经过长达十余年的努力和尝试，本课程已颇受学生的欢迎和认可。

当然，本课程仍需在探索与实践中逐步完善，还有一些内容有待于进一步整合，使其更贴近高中生的学习和生活。

# 序

《中小学心理健康教育指导纲要（2012 年修订）》明确提出：中小学心理健康教育，是提高中小学生心理素质、促进其身心健康和谐发展的教育，是进一步加强和改进中小学德育工作、全面推进素质教育的重要组成部分。中小学生正处在身心发展的重要时期，随着生理、心理的发育和发展、社会阅历的扩展及思维方式的变化，特别是面对社会竞争的压力，他们在学习、生活、自我意识、情绪调适、人际交往和升学就业等方面，会遇到各种各样的心理困扰或问题。因此，在中小学开展心理健康教育，是学生身心健康成长的需要，是全面推进素质教育的必然要求。而开展心理健康教育最为有效的阵地就是开设相关的课程，对学生进行系统的、适切的成长指导，帮助学生解决在学习、情感、个性、意志等方面所面临的普遍性的心理问题，促使他们拥有更加健康的心理，具备更加完美的人格，以迎接明天更加严峻的挑战。

这本书适用于在高中从事心理健康教育的教师，因为它是笔者在高中教学一线开设多年的心理健康教育课程的基础上，经过资料的积累收集并反复实践甚至舍弃，最后梳理出来的教学过程中的精华。本书所选取的主题都是高中生正在面临的成长问题，而且课程内容的安排按照“自我认知”“自我调节”“自我提高”“自我规划”的逻辑顺序，符合高中生发展的需求，对于高中心理健康教育教师和成长中的学生具有指导的价值。本书中所涉及的每一主题的呈现方式，也更贴近高中生的心理发展特点，精心设计了每一课的体例安排，包括“心灵驿站”（故事导入）、“心海导航”（相关心理学知识）、“活动坊”（拓展体验式活动）等板块，追求操作性和体验性，以团体辅导、心理训练、问题辨析、情境设计、角色扮演、游戏辅导、心理情景剧为主要形式，尽量避免了学科化的倾向，更最大限度地避免了作为心理学知识的普及和心理学理论的教育，注重引导学生在参与活动的体验中获得心理、人格积极健康发展，预防学生发展过程中可能出现的心理行为问题。

本书最大的特点是可读性强，有故事性、趣味性，又不仅限于故事，因为每一个故事都蕴含个人成长中的心灵力量，它们能够带给读者的是心灵的唤醒和感悟，是一个自我发展的契机。

# 目 录

# 开 篇

如果把整个人生化成一串数字，那么至少是1000000，其中的每一个0可能代表爱人、事业、金钱、子女、汽车、房子……在这里，“1”代表健康，如果失去了“1”，后面的“0”还会有意义吗？对于真正的健康理念，我们理解多少呢？而对于真正的心健康，我们离它又有多远呢？

# 健康从“心”开始

## 心里的锁

魔术大师胡汀尼有一手绝活儿，那就是，无论多么复杂的锁，他都能在极短的时间内打开，从未失手。他开锁的条件是穿上特制的衣服进去，并且不能有人在旁边观看。他曾为自己定下一个富有挑战性的目标：在60分钟之内，从任何锁中挣脱出来。

英国一个小镇的居民决定向伟大的胡汀尼挑战。他们特别打制了一个坚固的铁牢，并配了一把非常复杂的锁。胡汀尼接受了这个挑战。他穿上特制的衣服，走进了铁牢，牢门“哐啷”一声关了起来，大家都遵守规则转过身去。胡汀尼便从衣服中取出自己特制的工具，开始工作。

30分钟过去了，胡汀尼用耳朵紧贴着锁，专注地工作着；一个小时过去了，胡汀尼的头上开始冒汗；两个小时过去了，胡汀尼始终没有听到期待中的锁簧弹开的声音。他筋疲力尽地将身体靠在门上，结果奇迹出现了：牢门顺势而开！

原来，牢门根本就没有上锁，那把看似很厉害的锁只是个样子。门没有上锁，自然也就无法开锁，但胡汀尼心中的门上了锁。小镇的居民故弄玄虚，捉弄了这位逃生大师。大师的失败在于他太专注于这把具有象征意义的锁了，他的目标从“逃生”不知不觉地换成了“开锁”。

健康是人类的基本权利和幸福的源泉，任何时代、任何民族均把健康视为人生的第一需要。随着社会经济和文化的发展，健康的内涵和外延也发生了重大变化。

## 一、“健康”理念风雨路

### 1. 粗浅的“一维”健康

“一维”健康，即身体方面的健康，是最初的健康概念。

无病就是健康？如今，如果谁把“健康”仅仅理解为身体方面的正常、无疾病，那么很遗憾，这种理解还停留在最原始的状态。

### 2. “两手抓”的“二维”健康

“二维”健康包括内外两方面——身体的健康和心理的健康。心理健康被“发现”和重视也许不是来源于理论的完善，而是起源于人们心理方面问题的增加。这时，一批敏锐的人马上意识到，健康，原来并不是“不生病”那样简单。“身心并重”成为受到广泛支持和倡议的健康标准，这一“二维”标准在很长时间内主宰了人们对健康的认识，影响深刻。

### 3. 趋于全面的“三维”健康

“三维”健康就是在身体、心理健康的同时，还具备社会适应能力。世界卫生组织（WHO）正式成立之前，在1946年国际卫生大会通过的《世界卫生组织宪章》中就对健康的含义做出了界定：“健康是一种在身体上、心理上和社会适应方面的完好状态，而不仅仅是没有疾病和虚弱的状态。”也就是说，健康是在精神上、身体上和社会交往上保持健全的状态。

为了进一步使人们完整和准确地理解健康的概念，世界卫生组织又规定了衡量一个人是否健康的十大准则。

（1）有充沛的精力，能从容不迫地担负日常生活和繁重工作，而且不感到过分紧张与疲劳。

（2）处事乐观，态度积极，乐于承担责任，事无大小，不挑剔。

（3）善于休息，睡眠好。

（4）应变能力强，能适应外界环境的各种变化。

（5）能够抵抗一般性感冒和传染病。

（6）体重适当，身体匀称；站立时，头、肩、臂位置协调。

（7）眼睛明亮，反应敏捷，眼睑不易发炎。

（8）牙齿清洁，无龋齿，不疼痛；牙龈颜色正常，无出血现象。

（9）头发有光泽，无头屑。

（10）肌肉丰满，皮肤有弹性。

这种“三维”的健康理念在被写进教科书的同时，也越来越多地被人们理解和接受。

### 4. 更加完善的“四维”健康

1990年，世界卫生组织完善了健康的定义：健康是身体健康、心理健康、社会适应良好和道德健康的完好状态。作为新的健康理念，这四个层次可概括为“四维”健康 。

（1）身体健康：这是健康的基础，指人体结构完整，生理功能正常。

（2）心理健康：指智力正常，情绪稳定，具有同情心、爱心、责任心和自信心，热爱生活，与人和睦相处，善于交往，有较强的社会适应能力，知足常乐。

（3）社会适应健康：指不同时间内在不同岗位上对各种角色的适应情况。适应良好是指能胜任各种角色，适应不良是指缺乏角色意识（如在单位是好员工，在家不一定是好父亲或好母亲）。

（4）道德健康：最高标准是无私奉献，最低标准是不损害他人。道德不健康的标志是损人利己或损人不利己。

如果说“三维”健康中对其中三个指标的要求是正常，“四维”健康则在“三维”的基础上更上一层楼。将道德纳入健康范畴是有科学依据的，巴西著名医学家马丁斯研究发现，一个人做出有悖于道德准则的事情时，会导致心情紧张、恐惧等。据测定，做事常有悖于道德准则的人很容易发生神经中枢、内分泌系统功能失调，其免疫系统的防御能力也会减弱，易患癌症、脑出血、心脏病和精神过敏症。道理很简单，谁会相信一个整天食不香、睡不安的人会非常健康？相反，品行端正、心态淡泊、为人正直、心地善良、胸怀坦荡的人，则心理平衡，更容易保持身心健康。

## 二、心理健康的标准

对于心理健康的标准，历来有许多种看法。较为普遍的观点认为，心理健康是能够充分发挥个人的最大潜能，以及妥善处理和适应人与人之间、人与社会环境之间的相互关系。

具体来说，心理健康包括两层含义：一是与绝大多数人相比，其心理功能是正常的，无心理疾病；二是能积极调节自己的心理状态，顺应环境，能有效地、富有建设性地完善个人生活。

心理健康和心理不健康之间并没有绝对的界限，不同的社会制度和民族文化对心理健康有不同的要求。综合国内外专家的观点，参照我国中学生的实际情况，当前中学生心理健康的标准可以从以下几个方面来考虑。

### 1. 正视现实和接受现实

能够主动地适应环境的变化，对周围的事物能够客观地认识和评价；对突发事件能较好地接受而不逃避现实；对生活、学习和工作中的困难能做到妥善处理。

### 2. 正确评价和悦纳自己

能够充分认识自身存在的价值；正确看待自己的长处和不足；确立与自己的能力相吻合的目标；对自己的现状和前途充满自信；能正确对待自身无法弥补的缺陷。

### 3. 接受他人和善于相处

能够充分认识、肯定别人存在的重要性；乐于与人交往，有自己的朋友；具有同情、友善、信任、尊重等积极的态度，因而有充分的安全感。

### 4. 乐观进取和反应适度

积极的情绪多于消极的情绪；面临各种环境时，能适度地表达和控制自己的情绪，反应的强度和刺激的强度相一致。

### 5. 智力正常和人格完整

智力正常是人进行正常生活、学习、工作所必备的心理条件。例如，对外界刺激的反应过于敏感或迟滞、知觉出现幻觉、思维出现妄想等，都是智力不正常的表现。

### 6. 心理行为符合年龄特征

人的心理和行为是随着年龄的增长而发展的，不同的年龄阶段有其相应的心理行为模式。心理健康的人应具有与多数同龄人相符的心理行为特征，若一个人的心理行为严重偏离自己的年龄特征，就可能是心理不健康的表现。

### 1. “心理”大家谈

从小学到初中，你接触过心理学吗？你知道什么是心理健康吗？在接触到心理健康教育这门课时，你首先想到些什么？谈谈你的想法。

___

___

对这个问题的回答，出现了各种不同的答案，其中不乏一些偏见和误解，我们不妨一起来讨论一下，以便更好地认识心理健康教育这门课。

### 2. 健康之行，从“心”开始

让我们一起来制订一个“心理健康公约”，携手“健康之行”，共同关注“心理健康”，一起给心灵晒晒太阳。

第一步：制订“心理健康公约”

第二步：签名活动

你打算把你精心创作的“心理健康公约”与哪些人一起分享？能否请他们留下签名呢？

______________________________

______________________________

______________________________

______________________________

______________________________

## 每天成功一点点

在心理健康方面，我对______________________很感兴趣。

# 第一章

## 自我认知篇

“认识你自己。”这是刻在古希腊德尔菲神庙金顶上的一句话。古希腊哲学家苏格拉底也告诉我们：世界上最难认识的就是你自己。

我们常常认为，最了解自己的当然是我们自己，其实最难认识的恰恰也是我们自己。我们怎样才能做到有自知之明？又怎样才能不受外界评价的影响，而正确地认识自己呢？

# 第一节　我很有气质

## 剧院前的选择

**情景剧：**《迟到之后》

**地　点：**某剧院门口

**时　间：**演出开始 10 分钟后

**人　物：**检票员和四位迟到的观众

**情　节：**剧院规定演出开始 10 分钟后，所有的迟到者均需在幕间休息时才能入场。

**第一位：**大吵大闹，暴跳如雷，企图闯入剧场。他与检票员争执，并辩解说：“剧场的钟表走快了，否则我不会迟到的。”

**第二位：**嬉皮笑脸，软硬兼施。当明白检票员不会放他进去后，他想从楼上的检票口溜进去。

**第三位：**既不吵闹，也不离去，自我安慰道：“第一场戏总是不太精彩，我在休息区等一会儿，待到幕间休息时再进去。”

**第四位：**垂头丧气，委屈万分，悻然离开剧场回家了。他还自我抱怨道：“我总是不走运，偶尔看一场戏，竟如此倒霉。”

**一般情况下，你比较认同第几位迟到者的想法和做法？**

在生活中，我们经常听到“某人很有气质”“某人没有气质”“某人气质很差”等诸如此类的话。我们也可以看到，有的人脾气暴躁，如钱塘江的潮水一样汹涌澎湃；有的人安静稳重，如昆明湖的湖水一般波澜不兴；还有的人活泼开朗，如潺潺的溪水一般欢快流淌……其实，这都是每个人的气质在起作用。

气质是个体心理活动的动力特征，不以人的活动的动机、目的和内容为转移，影响个体活动的一切方面。具有某些气质特征的人，常常在不同的活动中显示出同样性质的特点。

心理学中将气质类型分成四种，每一种都有着鲜明的特点以及相对适应的职业。

### 1．胆汁质

胆汁质的神经过程的特点是强但不平衡。和这种神经过程的特点相适应，胆汁质类型的人一般感受性低而耐受性高，能忍受很强的刺激，能持续进行长时间的工作而不疲劳，显得精力旺盛，性格外向，直爽热情，但心境变化剧烈，脾气暴躁，难以自我克制。

胆汁质类型的人适合选择有挑战性的工作，对政治家、外交家、记者、作家、商人等职业有较强的适应性。但是胆汁质的人对工作不是那么专注，或者他们的热情开始很高，但不能长久，因此，不少胆汁质的人经常更换工作或职业。他们会凭借自己掌握的知识和技能，不从事固定的工作，而是选择成为自由职业者，自由自在地生活和工作着。

### 2．多血质

多血质的神经过程的特点是强、平稳且灵活。和这种神经过程的特点相适应，多血质类型的人感受性低而耐受性高，性格外向，活泼好动，言语行动敏捷，反应速度和注意力转移的速度比较快，能够很快适应外界变化，善于交际，容易接受新事物，但注意力容易分散，兴趣多变，情绪不稳定。

多血质类型的人对所有的职业都具有适应性，在公共关系和广泛的社会职业领域里都可以发挥特长，适合从事社交性强的工作，如政治家、外交家、商人、管理者、律师等。而对于过于简单、细致和琐碎的工作，以及缺乏竞争力和刺激性的工作，他们不太感兴趣，也难以做到深入。

### 3. 粘液质

粘液质的神经过程的特点是强、平稳但不灵活。和这种神经过程的特点相适应，粘液质类型的人感受性低而耐受性高，反应速度慢，情绪兴奋性低但平稳，举止平和，性格内向，做事有条不紊，但容易循规蹈矩，注意力容易集中且稳定性强，不善言谈，交际力适度。

粘液质类型的人的出色之处是善于处理人际关系，和任何人都能配合协调，能很好地利用协调性、积极性、社会性及感情稳定性表现自己的才能，而且不论地位高低，都能在各自的职业中占有重要位置。所以，他们不仅能从事学术、教育、研究、技术、医师等内向型职业，而且可以活跃在政治家、外交家、商人、律师等外向型职业领域。当然，最适合他们的工作岗位是策划及一般事务性工作。

### 4. 抑郁质

抑郁质的神经过程的特点是弱，而且兴奋过程更弱。和这种神经过程的特点相适应，抑郁质类型的人感受性高而耐受性低，多虑多疑，内心体验极为深刻，行为极端内向，敏感机智，能注意到别人注意不到的事情，情绪兴奋性弱，爱独处，不爱交往，做事认真仔细，动作缓慢，防御反应明显。

抑郁质类型的人比较适合从事稳定性强、变动小的工作，或只需要一个人刻苦奋斗的学术、教育、研究、技术开发和医学等职业领域。

在生活中，我们大多数人是中间型或混合型的，所以要认真分析，区别对待。既要分析自己气质特点中的长处，并积极发扬光大；又要看到自己气

质特点中的短处，尽量加以避免，以使自己更加完善。

全班同学围成一个大圈（若场地受限制，也可以分成若干小组，每小组围成一个小圈），每个人双手平举，同时伸出自己左手的食指，右手手掌向下，与旁边的同学连接起来（每个同学的左手食指都在自己左边同学的右手手掌底下），形成一个封闭的大圈。

**规则：** 认真听下面的小故事，当听到“竹”这个字的时候，同学们要尽量以最快的速度同时做两个动作：一是，右手手掌迅速抓握，以便抓住右边同学的左手食指；二是，自己的左手食指以最快的速度逃离左边同学右手手掌的抓握。在活动过程中，同学们可以变换手部的姿势，但变换姿势后要迅速还原，直到故事讲完为止。

**苏轼生平爱竹，“可使食无肉，不可居无竹。无肉令人瘦，无竹令人俗。人瘦尚可肥，士俗不可医”。他画竹往往从地上直升到画幅顶部，人家问他何不逐节分画？他回答说：“竹生时何尝是逐节生的？”苏轼在任杭州通判期间，一次坐于堂上，一时画兴勃发，而书案上没有墨，只有朱砂，于是，他随手拿朱砂当墨画起竹来。后来有人问他：世间只有绿竹，哪来朱色的竹？苏轼答曰：“世间无墨竹，既可以用墨画，何尝不可以用朱画！”后来便流行画朱色的竹子了，而苏轼自然也被尊为朱竹的鼻祖。苏轼画朱色的竹，正体现了他不重形似的绘画主张，这种绘画理论具有远大的艺术观点，也是后来士大夫“逸笔草草，聊以自娱，非求人赏”的艺术原理的发源。**

1. 在这个活动中，你发现你对外界刺激反应的灵敏程度如何？以你对气质类型及其特点的了解，你能否试着归纳出自己属于哪种气质类型？

______________________________

2. 你看到自己在气质类型方面的优势和不足了吗？如何弥补自己的不足？

（1）优势：______________________________

______________________________

（2）不足：______________________________

______________________________

（3）你觉得可以通过______________弥补自己的以上不足。

3. 在班级同学中，你最了解的人是______________。

4. 你觉得他（她）属于________气质类型，他（她）的特点是_____。

5. 你最欣赏他（她）的是______________。

6. 你觉得与他（她）相处时需要注意的是______________。

## 心理显微镜

这里为你介绍一种简单的气质测验方法。下面 60 道题，可确定你的气质类型。回答这些问题，必须实事求是，并尽快地完成，不要在一个题目上停留太长时间。

若某个问题符合你自己的情况，就在题后的括号里记 2 分，比较符合的记 1 分，不能确定的记 0 分，不大符合的记 -1 分，完全不符合的记 -2 分。

1. 做事力求稳妥，不做无把握之事。（　　）
2. 遇到生气的事就怒不可遏，把心里话全说出来才痛快。（　　）
3. 宁肯一个人做事，也不愿很多人在一起做。（　　）
4. 到一个新环境很快就能适应。（　　）

5. 厌恶那些强烈的刺激，如尖叫、危险镜头等。（　　）

6. 和人争吵时，总是先发制人，喜欢挑衅。（　　）

7. 喜欢安静的环境。（　　）

8. 善于和人交往。（　　）

9. 羡慕那种能够克制自己感情的人。（　　）

10. 生活有规律，很少违反作息制度。（　　）

11. 在多数情况下情绪是乐观的。（　　）

12. 碰到陌生人觉得很拘束。（　　）

13. 遇到令人气愤的事，能很好地自我克制。（　　）

14. 做事总是有旺盛的精力。（　　）

15. 遇到问题时常常举棋不定，优柔寡断。（　　）

16. 在人群中从不觉得过分拘束。（　　）

17. 情绪高昂时，觉得干什么都有趣；情绪低落时，又觉得干什么都没意思。（　　）

18. 当注意力集中于某一事物时，别的事很难使我分心。（　　）

19. 理解问题总是比别人快。（　　）

20. 碰到危险的情景时，常有一种极度恐惧感。（　　）

21. 对学习、工作和事业怀有很高的热情。（　　）

22. 能够长时间地做枯燥而单调的工作。（　　）

23. 对自己感兴趣的事情，干起来劲头十足，否则就不想干。（　　）

24. 一点儿小事就能引起情绪波动。（　　）

25. 讨厌做那些需要耐心细致的工作。（　　）

26. 与人交往，不卑不亢。（　　）

27. 喜欢参加气氛热烈的活动。（　　）

28. 爱看感情细腻、描写人物内心活动的文学作品。（　　）

29. 工作或学习时间太长了，会感到厌倦。（　　）

30. 不喜欢长时间地谈论一个问题，而愿意实际动手做。（ ）
31. 宁愿侃侃而谈，也不愿窃窃私语。（ ）
32. 别人说我总是闷闷不乐。（ ）
33. 理解问题比别人慢些。（ ）
34. 疲倦时只要经过短暂的休息就能精神抖擞起来，重新投入工作。（ ）
35. 心里有话宁愿自己想，也不愿说出来。（ ）
36. 认准一个目标就希望尽快实现，不达目的誓不罢休。（ ）
37. 与别人同样学习或工作同样一段时间后，常比别人更疲倦。（ ）
38. 做事有些莽撞，常常不考虑后果。（ ）
39. 老师讲授新知识时，总希望他讲慢些，多重复几遍。（ ）
40. 能够很快地忘记那些不愉快的事情。（ ）
41. 做作业或完成一件工作总比别人花的时间多。（ ）
42. 喜欢运动量大的体育活动，或各种文艺活动。（ ）
43. 不能很快地把注意力从一件事转移到另一件事上去。（ ）
44. 接受一项任务后，就希望迅速解决它。（ ）
45. 认为墨守成规比冒风险强些。（ ）
46. 能够同时注意几件事物。（ ）
47. 当我烦闷的时候，别人很难使我高兴。（ ）
48. 爱看情节起伏跌宕、激动人心的小说。（ ）
49. 工作始终认真严谨。（ ）
50. 和周围人们的关系总是处理不好。（ ）
51. 喜欢复习学过的知识，重复做已熟悉和掌握的工作。（ ）
52. 喜欢做变化大、花样多的工作。（ ）
53. 小时候会背的诗歌，我似乎比别人记得清楚。（ ）
54. 别人出语伤人，可我并不觉得怎么样。（ ）
55. 在体育活动中，常因反应速度慢而落后。（ ）

56. 反应敏捷，头脑机灵。（　　）

57. 喜欢有条理而不甚麻烦的工作。（　　）

58. 令人兴奋的事常使我失眠。（　　）

59. 老师讲《新概念英语》时，我常常听不懂，但是弄清后就很难忘记。（　　）

60. 假如工作枯燥无味，马上就会情绪低落。（　　）

记分：

胆汁质型得分：第 2、6、9、14、17、21、27、31、36、38、42、48、50、54、58 题的得分之和。

多血质型得分：第 4、8、11、16、19、23、25、29、34、40、44、46、52、56、60 题的得分之和。

粘液质型得分：第 1、7、10、13、18、22、26、30、33、39、43、45、49、55、57 题的得分之和。

抑郁质型得分：第 3、5、12、15、20、24、28、32、35、37、41、47、51、53、59 题的得分之和。

确定气质类型的标准：

如果某种气质类型得分明显高于其他三种，且均高出 4 分以上，则可定为该种气质类型。如果该种气质类型得分超过 20 分，则为典型；如果得分在 10~20 分，则为一般型。

如果两种气质类型得分接近，其差值低于 3 分，而且又明显高于其他两种气质类型，高出 4 分以上，则可定为这两种气质类型的混合型。

如果三种气质类型得分均高于第四种，而且接近，则为三种气质类型的混合型，如多血—胆汁—粘液质混合型或粘液—多血—抑郁质混合型。

根据以上标准，我的气质类型是________________________

你能从下图这几个人的反应中看出他们各自属于什么气质类型吗？

**四种典型气质类型**

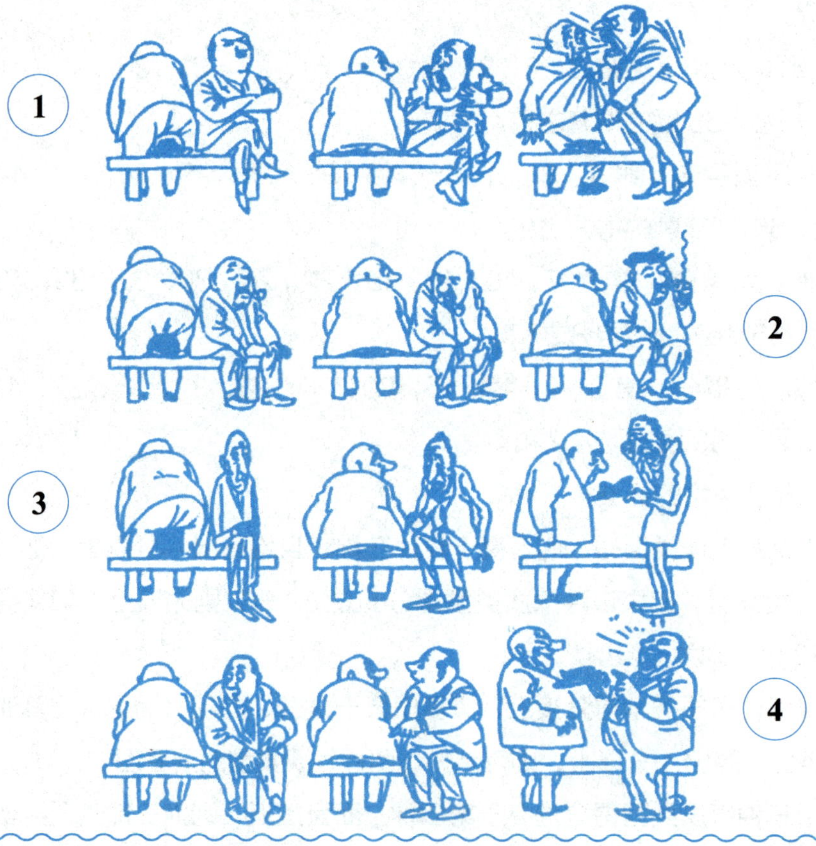

1

2

3

4

# 第二节 我有我性格

## 性格决定命运

同是桃园结义的兄弟，刘备做了蜀汉的皇帝，关羽身后被推崇为“武圣”，张飞只落得一个鲁莽英雄的形象。

三人结义时，刘备家贫，贩屦织席为业，关羽“亡命奔涿郡”，看来也富贵不到哪儿去，倒是张飞“世居涿郡，颇有庄田”。可谁料想哥儿仨“同生死，共富贵”，一道拼了几十年，家贫无业的成了皇帝，流窜异乡的成了“关帝君”，唯有家境富裕的张飞虽然在蜀汉也任显职，但在后世正统文史中不入帝王将相之列，只是在市井闲话中谈起粗莽之人时会说“像个莽张飞”。

刘备沾了皇亲，贵为皇帝就不说了。关、张二人为何身后地位迥异呢？

《三国志》说：“（关）羽善待卒伍而骄于士大夫，（张）飞爱敬君子而不恤小人 。”两人同样忠勇刚烈，力敌万人。关羽狂傲自负，张飞直莽暴躁。你傲，我不惹你便是，而鲁莽急躁，人家就不好与你相处了。

且看三人结义击“黄巾”、救董卓后，董卓因三人没有官职而轻视，张飞大怒，“便要入帐来杀董卓”，被刘备和关羽拦住。自负的关羽此时心中必是有忿，但看不起董卓，一走了之罢了，张飞这般行为快则快矣，难道不容易结梁子吗？

再看三顾茅庐，张飞不仅态度不积极，一番道：“既不见，自归去罢了。”二番讲：“量一村夫，何必哥哥自去，可使人唤来便了。”三番说：“不需哥哥去，他如不来，我只将一条麻绳缚来！”见孔明高卧，刘备在外拱立，张飞又是大怒，便要去屋后放一把火。张飞曾在长坂桥喝破敌胆，大怒之下狂叫放火，孔明安能继续假作“高卧”？又是得罪人啊！

说话直莽并不打紧，人会说你心直口快、没心肠罢了。张飞不恤小人更是要命，鞭打上司督邮行为过火，但打一贪官亦不损后世英名，而鞭打士卒最终被手下割了脑袋。可怜一世猛将，命丧无名小人之手，不值。

关羽善待士卒而骄于士大夫，是蔑视权贵的亲民之举，谙合中国文化心理，所以被后世推崇。张飞直率固然可爱，但不恤小民，纵使你有天大的本事和天大的功劳，也断断不可原谅。

几千年的文化传统，使得关、张二人身后命运大不相同。一个人生前身后的命运，其实都是你的行为的结果，而你的行为又多半是观念或性格所致。

每个人在生活中的言语和行为无不体现出他（她）的性格。在观察事物时，是详细分析型，还是概括型；记忆时，是主动型，还是被动型；解决问题时，是善于独立思考，还是依赖现成答案；在工作中，是喜欢创造性劳动，还是安于现状，墨守成规……这一切都表现出不同的性格特征。

瑞士心理学家荣格将性格分成内倾（内向）型和外倾（外向）型，这个理论在性格研究中比较经典。

### 1. 内向型性格的特点

内向型性格的人的行为表现种类很多，其典型特征是：很少向别人显示自己的喜怒哀乐，珍视自己的情感体验；在与别人交往中被动服从，希望被接纳；沉默寡言，见人脸红；不善交际，孤独忧郁；老实听话，安守本分。

内向型性格的典型表现是在生活中容易被误解为乖巧的“老实人”，家长和周围的人往往对他们给予“夸奖”。在当今生活中，独立性、自主性人际交往能力是非常重要的，离开这些，再出色的专业能力也无法得到发挥。内向性型格的人尤其缺乏敢于竞争的意识，这更容易增加此类性格的人遭受挫折的机会，而这种性格在挫折防卫方面也具有明显的劣势。

### 2. 外向型性格的特点

外向型性格的人经常对外部事物表现出关心和兴趣，开朗活泼，善于交际，说话大胆，有时不考虑别人的感受，自由奔放，不拘小节，不愿意苦思冥想，而要依靠他人或者活动来满足自己的情绪需要。

同学们经常会问，到底哪种性格好呢？事实上，不同的性格可以闪耀出不同的光芒。

很多性格内向的人都想使自己变得外向一些，因为似乎只有性格外向的人才更适应当今社会，更善于与人交往。但其实很多性格外向的人，对自己的性格也有很多不满意的地方。每种性格都有各自的优缺点。性格内向的人其实有很多优点，如做事认真、踏实稳重等。性格内向的人想使自己变得开朗一些，多半是因为活泼开朗的人容易与别人相处，参与活动时更积极一些，但是这些并不是性格外向的人的“特点”，它只是外向性格的附属品。掌握与人交往的技巧，使自己变得更热情、更大胆，性格内向的人同样可以做到！

## 一、热身活动

每人准备一张白纸，并在白纸上画一只小猪，注意不要看自己的同桌是怎么画的。

**结果解释：**如果你画的这只猪在画纸的顶部，说明你是一个积极乐观的人；在画纸的中部（指从上到下的方向），说明你是一个现实主义者；在画纸的底部，说明你是一个悲观主义者，在行为上往往倾向于消极；脸朝左方，说明你信奉传统，比较友好，记得很多日期，包括生日；脸朝前方（看着你自己），说明你很直接，喜欢唱反调，既不害怕讨论，也不逃避讨论；脸朝右方，说明你很有创意，而且很积极，但是家庭观念不强，而且经常不记得各种日期；细节很多，说明你是一个善于分析、谨慎、不容易轻信他人的人；细节很少，说明你很情绪化，很天真，不关心细节，喜欢冒险；四条腿都露出来了，说明你是一个可靠、顽固，而且坚持自己的理想的人；露出来的腿少于四条，说明你不可靠，或者曾经有过颠沛流离的生活经历；耳朵画得大，说明你善于倾听。

这个活动仅仅是一个有趣的游戏，并不一定完全符合我们每个人的实际情况。下面，我们就来科学地了解一下自己的性格。

## 二、主题活动：我最欣赏的性格

1. 你觉得以下哪些词语能正确地描述你的性格特征？

（1）行动上

优柔寡断　耐心闲适　善于聆听　谨言慎行　生性矜持

坦诚己见　敢于冒险　善于决断　做事拖拉　避免风险

缺乏耐心　能说会道　生性活泼

______

______

（2）风格上

放松随和　古道热肠　重人际关系　认真刻板　循规蹈矩

随机应变　喜欢务实　不避讳个人感情　时间观念强

喜欢事先周密计划　做事情能抓住重点　时间观念淡薄

______

______

2. 写出5个代表你最欣赏的性格特征的词语。

______

______

3. 小组交流、汇总。

4. 归纳出全班同学最欣赏的性格特征。

______

______

## 三、小组讨论：我的性格

“性格决定命运”，你是否拥有好的性格特质呢？你的性格究竟是怎样的呢？

### 1．小组讨论

（1）向小组成员介绍自己有哪些性格特质。

（2）小组成员之间互相询问：“你觉得我的性格是怎样的？”“为什么你觉得我有这样的性格？”

### 2．全班分享

（1）你拥有哪些性格特质？哪些是你喜欢的？哪些是你不喜欢的？为什么？

______________________________

（2）哪些性格特质是你和别人一致认为自己有的？

______________________________

（3）回顾你的成长经历，说说这些性格特质对你的生活有什么影响。

______________________________

______________________________

性格是一个人在现实中的稳定的态度和习惯化了的行为方式中所表现出来的个性心理特征，如谦虚和骄傲、诚实和虚伪、勤劳和懒惰、勇敢和怯懦等，性格就是由许多性格特征所组成的统一体。恩格斯说：“人物的性格不仅表现在他做什么，而且表现在他怎样做。”

“做什么”表明了一个人追求什么，拒绝什么，反映了人对现实的态度；而“怎样做”表明了一个人如何追求他想得到的东西，反映了人的行为方式。

如果将一个人比作一座大厦，那么他的性格就是这座大厦的钢筋骨架，而他的知识和学问则是充斥于骨架间的混凝土。性格是一个人的最大宝藏，它决定了这个人的一生是平平庸庸还是成就卓越，让人敬仰。

下面有 50 道测试题，请根据自己的实际情况做出回答。

1. 与观点不同的人也能友好往来。（　　）

A. 符合　　B. 难以回答　　C. 不符合

2. 你读书较慢，力求完全看懂。（　　）

A. 符合　　B. 难以回答　　C. 不符合

3. 你做事较快，但较粗糙。（　　）

A. 符合　　B. 难以回答　　C. 不符合

4. 你经常分析自己、研究自己。（　　）

A. 符合　　B. 难以回答　　C. 不符合

5. 生气时，你总是不加抑制地把怒气发泄出来。（　　）

A. 符合　　B. 难以回答　　C. 不符合

6. 在人多的场合，你总是力求不引人注意。（　　）

A. 符合　　B. 难以回答　　C. 不符合

7. 你不喜欢写日记。（　　）

A. 符合　　B. 难以回答　　C. 不符合

8. 你待人总是很小心。（　　）

A. 符合　　B. 难以回答　　C. 不符合

9. 你是个不拘小节的人。（　　）

A. 符合　　B. 难以回答　　C. 不符合

10. 你不敢在众人面前发表演说。（　　）

A. 符合　　B. 难以回答　　C. 不符合

11. 你能够做好领导团体的工作。（　　）

A. 符合　　B. 难以回答　　C. 不符合

12. 你常常会猜疑别人。（　　）

A. 符合　　B. 难以回答　　C. 不符合

13. 受到表扬后，你会工作得更努力。（　　）

A. 符合　　B. 难以回答　　C. 不符合

14. 你希望过平静、轻松的生活。（　　）

A. 符合　　B. 难以回答　　C. 不符合

15. 你从不考虑自己几年后的事情。（　　）

A. 符合　　B. 难以回答　　C. 不符合

16. 你常常会一个人想入非非。（　　）

A. 符合　　B. 难以回答　　C. 不符合

17. 你喜欢经常变换工作。（　　）

A. 符合　　B. 难以回答　　C. 不符合

18. 你常常回忆自己过去的生活。（　　）

A. 符合　　B. 难以回答　　C. 不符合

19. 你很喜欢参加集体娱乐活动。（　　）

A. 符合　　B. 难以回答　　C. 不符合

20. 你总是三思而后行。（　　）

A. 符合　　B. 难以回答　　C. 不符合

21. 使用金钱时，你从不精打细算。（　　）

A. 符合　　B. 难以回答　　C. 不符合

22. 你讨厌工作时有人在旁边观看。（　　）

A. 符合　　B. 难以回答　　C. 不符合

23. 你始终以乐观的态度对待人生。（　　）

A. 符合　　B. 难以回答　　C. 不符合

24. 你总是独立思考并回答问题。（　　）

A. 符合　　B. 难以回答　　C. 不符合

25. 你不怕应付麻烦的事情。（　　）

A. 符合　　B. 难以回答　　C. 不符合

26. 对陌生人你从不轻易相信。（　　）

A. 符合　　B. 难以回答　　C. 不符合

27. 你几乎从不主动制订学习或工作计划。（　　）

A. 符合　　B. 难以回答　　C. 不符合

28. 你不善于结交朋友。（　　）

A. 符合　　B. 难以回答　　C. 不符合

29. 你的意见和观点常会发生变化。（　　）

A. 符合　　B. 难以回答　　C. 不符合

30. 你很注意交通安全。（　　）

A. 符合　　B. 难以回答　　C. 不符合

31. 你心里有话藏不住，总想对人说出来。（　　）

A. 符合　　B. 难以回答　　C. 不符合

32. 你常常有自卑感。（　　）

A. 符合　　B. 难以回答　　C. 不符合

33. 你不大会注意自己的服装是否整洁。（　　）

A. 符合　　B. 难以回答　　C. 不符合

34. 你很在意别人会对你有什么看法。（　　）

A. 符合　　B. 难以回答　　C. 不符合

35. 和别人在一起时，你的话总比别人多。（　　）

A. 符合　　B. 难以回答　　C. 不符合

36. 你喜欢独自一个人在房间里休息。（　　）

A. 符合　　B. 难以回答　　C. 不符合

37. 你的情绪很容易波动。（　　）

A. 符合　　B. 难以回答　　C. 不符合

38. 看到房间里杂乱无章，你就静不下心来。（　　）

A. 符合　B. 难以回答　C. 不符合

39. 遇到不懂的问题时，你就会去问别人。（　　）

A. 符合　B. 难以回答　C. 不符合

40. 旁边若有说话声或广播声，你就无法静下心来学习。（　　）

A. 符合　B. 难以回答　C. 不符合

41. 你的口头表达能力还不错。（　　）

A. 符合　B. 难以回答　C. 不符合

42. 你是一个沉默寡言的人。（　　）

A. 符合　B. 难以回答　C. 不符合

43. 进入一个新的环境，你很快就能熟悉。（　　）

A. 符合　B. 难以回答　C. 不符合

44. 要你同陌生人打交道，常会使你感到为难。（　　）

A. 符合　B. 难以回答　C. 不符合

45. 你常常会过高地估计自己的能力。（　　）

A. 符合　B. 难以回答　C. 不符合

46. 遭到失败后，你总是忘却不了。（　　）

A. 符合　B. 难以回答　C. 不符合

47. 你感到脚踏实地地做事比探索理论原理更重要。（　　）

A. 符合　B. 难以回答　C. 不符合

48. 你很注意同伴们的工作或学习成绩。（　　）

A. 符合　B. 难以回答　C. 不符合

49. 比起阅读小说和看电影，你更喜欢郊游和跳舞。（　　）

A. 符合　B. 难以回答　C. 不符合

50. 买东西时，你常常犹豫不决。（　　）

A. 符合　B. 难以回答　C. 不符合

评分规则：

1. 题号为奇数的题目，每选择一个“符合”记2分，每选择一个“难以回答”记1分，每选择一个“不符合”记0分。

2. 题号为偶数的题目，每选择一个“不符合”记2分，每选择一个“难以回答”记1分，每选择一个“符合”记0分。

3. 最后，将各道题的分数相加，其和即为你的性向指数。

性向指数在0与100分之间。由性向指数的数值就可以了解一个人内倾或外倾的程度。

| 性向指数 | 0~19分 | 20~39分 | 40~59分 | 60~79分 | 80~100分 |
|---|---|---|---|---|---|
| 性格倾向 | 内向 | 偏内向 | 中间型（混合型） | 偏外向 | 外向 |

**如果性格内向的人想要调整自己，可以从以下几方面入手（如果内向性格没有让你产生困扰或者有很大损失，那么就不需要调整）。**

1. 交一位性格开朗、积极上进的好朋友，学习、模仿其言行举止，并制订帮教计划，关键时刻一旦胆怯，请对方监督和提醒自己。

2. 经常哼唱歌曲，见到同学、师长主动打招呼。

3. 课堂发言主动举手，不要在乎是否有把握答对。

4. 坚持参加各种活动，哪怕只是当观众或陪衬角色。

5. 每天早上利用镜子技巧，肯定自己的优点，激励自己“今天一定能表现得开朗大方”等。

6. 把内在的敏感磨砺成对世界的洞察力。史玉柱从一个蓬头垢面的IT民工到颠覆整个营销界——甚至改变了中国营销史，靠的便是他内向性格中的敏感性。从脑白金到《征途》，他在一线战场主动观察自己的消费者，研究自己的消费者，探察市场风向，不断改变策略。据说，他很少看营销类的书，他把自己的成功更多地归功于对消费者的了解及对人性的探究上。

7. 将潜在的完美主义倾向打造成更平衡出众的结果。内向者都是潜在的完美主义者。因此，他们并非害怕表达，只是害怕表达得不够精准，不够吸引人；他们也并非拒绝行动，只是担心每次的行动做不到最好，还不如不做。好的方面是，在这个领域里，他们中的大部分人成了艺术家、哲学家、科学家，他们诠释了完美，创造了人类的巅峰体验；糟糕的方面是，他们有着严重的拖延症。

8. 把对别人的在意锻炼成共情的能力。内向者明明就是沟通之神！在沟通的五个层次（一是一般性交谈，应酬性的，肤浅的；二是陈述事实；三是分享个人想法和判断；四是分享情感；五是沟通的高峰）中，他们很容易就进入第四层沟通。内向者非常善于解读微表情及肢体语言，聊天时对方不经意的轻拽衣角，无意识的眼球向下或者对方谈话时不断出现的某个特定词语，都隐藏了潜意识里某种深层的含义。外向者交谈时往往更具有攻击性，所以容易忽视这些微小的信号；而内向者能够解读这些信息，并且通过解读这些信息，会更容易地切入交谈者的频道中，从而与其产生共鸣。

1．结合我的自我评价以及与同学的交流，我总结出我的性格特点是____

________________________________________

2．我的性格优势是________________________________________

________________________________________

# 第三节　我的多元智能

## 陈景润的故事

陈景润从小性格内向，是一个自我认知智能很强的人。从心理学上讲，这一类人的快乐提供多半源自他们自己的内心世界，他们对外部提供的快乐资源依赖较少，属于自我满足型。从生理学上讲，陈景润的数学天分让他对数学研究产生了一种强烈的内动力，一种生命的意愿和热爱，使得他快乐地投入自己的数学天地。他对数学的热爱和追求，是其生命内在能量的运行模式。

从厦门大学毕业后，陈景润被分配到北京四中当数学教师。一想到自己将要站在讲台上，被几十双锐利而机敏的眼睛注视，他就禁不住浑身打颤！他从小不善于说话，说多几句嗓子就会发痛。因为惧怕学生的目光，他对着天花板讲课。45 分钟的一堂课，他时常只讲 20 分钟就没有话说了。下了课回到房间里，他叫自己笨蛋，并且经常自己骂自己。生活环境的变化，使他的生命能量步入低谷。他患上了肺结核和腹膜结核症，一年内住了六次医院，做了三次手术。当然，他没有时间好好地教书，学校准备辞退他。在那段痛苦的日子里，陈景润想过要回福建老家摆一个书摊来养活自己，只要能维持生活，让他和数学在一起，就是他生命最大的满足。

正在这时，厦门大学校长王亚南来到北京，在教育部开会时遇到北京四中的一位领导。谈起陈景润，这位领导很不满意，提出了一大堆意见，并责问王亚南校长：你们怎么培养了这样的“高材生”？

王亚南听到这位领导的意见之后，非常吃惊。他认为这是学校在分配学生工作时处理不得当，所以决定让陈景润重回厦门大学。听说可以回厦门大学了，陈景润的病马上就好转了。王亚南安排陈景润在图书馆当管理员，却不让他管理图书，只让他专心研究数学。王亚南不愧为政治经济学的专家，懂得价值论，懂得人的价值应该如何显现。陈景润也没有辜负老校长的期望，最终完成了震惊中外的《哥德巴赫猜想》。

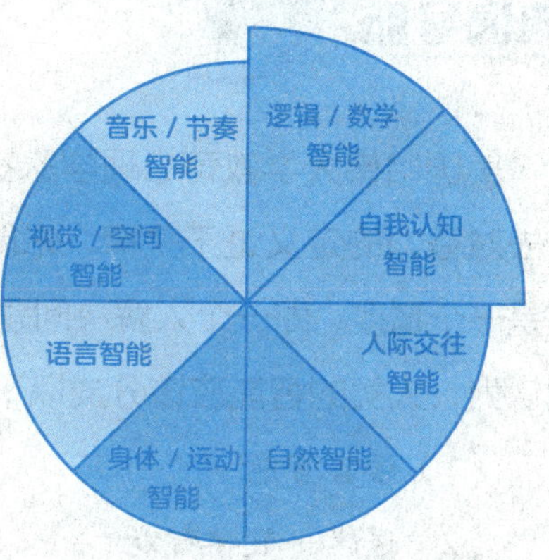


陈景润具有很强的自我认知智能。自我认知智能发达的人，多半喜欢写作。巴金就是一个自我认知智能发达的人，所以他成了作家。从某种意义上讲，陈景润也是一个作家，只不过他是一个用数字来写作的人。《哥德巴赫猜想》就是他创作的不朽的（数学）作品。

我们不难设想，如果陈景润的强项智能组合是逻辑 / 数学智能 + 语言智能，那么他很可能是一位杰出的数学教授；如果陈景润的强项智能组合是逻辑 / 数学智能 + 人际交往智能，那么他很可能会成为一位科学领域的领导者。而陈景润的强项智能组合是逻辑 / 数理智能 + 自我认知智能，这就使他成了一位伟大的数学家。由此可见，不同的智能组合，决定了一个人发展方向的不同。

## 心海导航

美国哈佛大学教育心理学家霍华德·加德纳提出了多元智能理论，认为过去对智力的定义过于狭窄，未能正确反映一个人的真实能力。人的智力应该是一个量度，即一个人解决问题的能力（ability to solve problems）指标。他认为，人类的智能应该分成以下九个范畴。

（1）语言智能

（2）逻辑—数学智能

（3）空间智能

（4）身体—运动智能

（5）音乐智能

（6）人际智能

（7）内省智能

（8）自然探索智能

（9）存在智能

这九个范畴的内容如下：

**1．语言智能。**这种智能主要是指有效地运用口头语言及文字的能力，即听、说、读、写能力，表现为个人能够顺利而高效地利用语言描述事件、表达思想并与人交流的能力。这种智能在作家、演说家、记者、编辑、节目主持人、播音员、律师等职业中有更加突出的表现。

**2．逻辑—数学智能。**从事与数字有关的工作的人特别需要这种有效运用数字和推理的智能。他们学习时靠推理来进行思考，喜欢提出问题并进行实验以寻求答案，寻找事物的规律及逻辑顺序，对科学的新发展有兴趣。即使是他人的言谈及行为，也能成为他们寻找逻辑缺陷的好地方，对可被测量、归类、分析的事物比较容易接受。

**3．空间智能。**空间智能强调人对色彩、线条、形状、结构、空间及它们之间关系的敏感性很高，感受、辨别、记忆、改变物体的空间关系并借此表达思想和情感的能力比较强，表现为对色彩、线条、形状、结构和空间关系的敏感，以及通过平面图形和立体造型将它们表现出来的能力。能准确地感觉视觉空间，并把所知觉到的表现出来。这类人在学习时是用意象及图像来思考的。空间智能可以划分为形象的空间智能和抽象的空间智能两种能力。形象的空间智能为画家的特长，抽象的空间智能为几何学家的特长，而建筑学家对形象的空间智能和抽象的空间智能都很擅长。

**4．身体—运动智能。**指善于运用整个身体来表达想法和感觉，以及运用双手灵巧地生产或改造事物的能力。这类人很难长时间坐着不动，喜欢动手建造东西，喜欢户外活动，与人谈话时常用手势或其他肢体语言。他们学习时是通过身体感觉来思考的。这种智能主要是指人调节身体运动及用巧妙的双手改变物体的技能，表现为能够较好地控制自己的身体，对事件能够做出恰当的身体反应以及善于利用身体语言来表达自己的思想。运动员、舞蹈家、外科医生、手艺人都有这种智能优势。

**5．音乐智能。**这种智能主要是指人敏感地感知音乐节奏、音调、音色和旋律等能力，表现为个人对音乐节奏、音调、音色和旋律的敏感，以及通过作曲、演奏和歌唱等表达音乐的能力。这种智能在作曲家、指挥家、歌唱家、乐师、乐器制作者、音乐评论家等人员那里都有出色的表现。

**6．人际智能。**人际智能，是指能够有效地理解别人及其关系及与人交往的能力，包括四大要素：（1）组织能力，包括群体动员与协调能力。（2）协商能力，指仲裁与排解纷争能力。（3）分析能力，指能够敏锐地察知他人的情感动向与想法，易与他人建立密切关系的能力。（4）人际联系能力，指对他人表现出关心，善解人意，适于团体合作的能力。

**7．内省智能。**这种智能主要是指认识到自己的能力，正确把握自己的长处和短处，把握自己的情绪、意向、动机、欲望，对自己的生活有规划，能自尊、自律，会吸收他人的长处，会从各种回馈管道中了解自己的优势与劣势，常静思以规划自己的人生目标，爱独处，以深入自我的方式来思考，喜欢独立工作，有自我选择的空间。这种智能在优秀的政治家、哲学家、心理学家、教师等人员那里都有出色的表现。内省智能可以划分两个层次：事件层次和价值层次。事件层次的内省指向对于事件成败的总结。价值层次的内省将事件的成败和价值观联系起来自审。

**8．自然探索智能。**指能认识植物、动物和其他自然环境（如云和石头）的能力。自然探索智能强的人，在打猎、耕作、生物科学上的表现较为突出。自然探索智能可以进一步归结为探索智能，包括对社会的探索和对自然的探索两个方面。

**9．存在智能。**指人们表现出的对生命、死亡和终极现实提出问题，并思考这些问题的倾向性。

舟舟，原名胡一舟，1978 年 4 月 1 日出生。出生后一个月，舟舟被发现患有唐氏综合症。

舟舟的父亲胡厚培是武汉交响乐团的低音提琴手。舟舟像一株无人在意的植物，在乐团宿舍大院里自由自在地生长着，音乐进入他的生命如阳光雨露之于世间万物。从两三岁起，他就随父亲泡在排练厅里。

舟舟 6 岁时，有一天在排练休息时，首席小提琴师和舟舟开玩笑：“想不想当指挥？”

舟舟响亮地回答：“想！”

然后，他立刻跑到指挥台上，拿起指挥棒一敲：“开始！”

“演奏什么？”

“《卡门》！”

乐手们看到舟舟的动作很有感觉，并纷纷随着他的指挥棒演奏起来。舟舟将一首《卡门》指挥完毕，转过身认真地鞠了一躬。也许这就是他非职业的指挥生涯的开始吧！《卡门》也因此成为他最爱的曲目，他几乎无《卡门》不欢。

虽然智商比常人低很多，但是舟舟对音乐的悟性是惊人的，他对节奏感和音乐表现力非常敏感，具有非凡的音乐潜能。对音乐的热爱，不仅让舟舟获得了快乐，也让他不断改变着自己，他的语言表达能力、思维能力、判断能力、生活自理能力都有了显著的提高。

舟舟的智商只相当于四五岁的儿童，他在愚人节出生——不会识字、不会计算十以内的加减法，却被世界著名的音乐大师斯特恩誉为“创造艺术的指挥家”，并多次在全世界巡回演出。

1．你对舟舟的才能感到惊讶吗？你如何看待和评价“舟舟现象”？

每个人都有自己的智能组合，因为我们每个人在各种智能上所拥有的量参差不齐，组合和运用它们的方式也各有特色，所以，每个人都各有其长处所在，人人皆有无限的潜能和可能，从自己的强项智能发展，就能使自己拥有成就感，从而达到自我肯定、自我悦纳、自我实现，人生也就绽放光彩了。我们除了要找到自己的智能组合之外，还要找到自己的学习型态组合。比如，语言智能强的人可以使用背诵的方式记忆，身体—运动智能强而语言智能弱的人就不容易静下心来读书、背诵，而让他们通过有节奏地或者用唱歌、打拍子的方式来背诵可能会有效得多。

2．你听过、看过哪些某项智能发展突出的典型人物？

3．在你的周围，有没有某项智能发展比较突出的人？他们是谁？他们是怎么表现出这项智能的？

4．请你根据自己的实际情况，列举自己九项智能的发展情况，并思考如何结合自己的智能选择自己学习型态的组合。

| 智能类型 | 发展情况 | 学习型态确定及调整 |
| --- | --- | --- |
| 语言智能 | | |
| 逻辑—数学智能 | | |
| 空间智能 | | |
| 身体—运动智能 | | |
| 音乐智能 | | |
| 人际智能 | | |
| 内省智能 | | |
| 自然探索智能 | | |
| 存在智能 | | |

5．请属于某种智能类型的同学组成小组集中在一起，互相讨论各自的学习型态，互相借鉴，取长补短，最后明确最适合自己的、最有效的学习型态。

______________________________________________

______________________________________________

______________________________________________

______________________________________________

## 心理显微镜

以下测试一共有八项内容，每项有十道小题，每道小题如果和自身的特点符合则记1分，依次做完八项内容，最后再看给出的解释。

### （一）第一项

1. 你喜欢文字游戏、双关语、绕口令、打油诗、诗词、故事。

2. 你喜欢各式阅读，包括书籍、杂志、报纸甚至商品说明。

3. 你擅长口语表达或文字表达，而且充满自信，也就是说你擅长说服别人、讲故事或写作。

4. 聊天时，你常提及读过或听过的东西。

5. 你喜欢玩填字、排字或猜字游戏。

6. 你的用字遣词能力很强，别人有时候需要问你到底是什么意思。你喜欢在文章中运用精准的字眼。

7. 你喜欢语言类、历史类课程及社会学科。

8. 你在说明或辩论时，口才无碍，从容不迫，说明或解释非常清楚。

9. 你喜欢思考、谈论问题、说明解决方法、问问题。

10. 你通过听收音机、录音机和演讲来吸收讯息的能力很强，每句话都深印在头脑中。

### （二）第二项

1. 你喜欢数字游戏，心算能力强。

2. 你对科学新知很感兴趣，喜欢探索各种事物，研究其功能运作。

3. 你对家庭预算或理财很有一套，通过数字规划工作和私人生活。

4. 你喜欢规划假期和商务旅游的行程细节，准备、计算并制作备忘事项。

5. 你喜欢拼图或其他需要逻辑思考的游戏，如下棋等。

6. 你喜欢分析别人说的或写的内容是否合乎逻辑。

7. 数学和自然科学是你最喜欢的科目。

8. 你擅长举例说明一个总体的概念，对分析情况和争论得心应手。

9. 你在解决问题时，系统性、步骤性很强。你喜欢在各种事情或数据之间寻找模式和关系。

10. 你必须将事物归类分组或数据化才能明白其关联。

### （三）第三项

1. 你喜欢观赏艺术品、绘画和雕塑作品，对色彩很敏感。

2. 你喜欢用照相机或摄像机将事物记录下来。

3. 你在做笔记或思考时，喜欢随意乱写、乱涂，描绘的东西很精确。

4. 你喜欢阅读地图和航行图，很有方向感。

5. 你喜欢拼图和走迷宫的游戏。

6. 你擅长将物品分解、重组，对看图组件也很在行。

7. 你喜欢学校的美术课，喜欢几何甚于代数。

8. 你喜欢用图片、绘画来说明事物，可以很容易地解读图表。

9. 你可以从不同的角度来想象各种事物，以及想象建筑物的施工图。

10. 你喜欢有许多图片的书籍。

### （四）第四项

1. 你经常参加运动会，或经常做健身活动，喜欢走路、游泳等肢体运动。

2. 你喜欢“DIY”。

3. 你喜欢一边做肢体运动（如散步、慢跑等），一边思考。

4. 在舞会上大展身手，你一点儿也不觉得害羞。

5. 你喜欢游乐场中最刺激的游戏。

6. 你必须亲自去掌握、触摸、操控某一事物，才能了解它。你喜欢拼图和模型制作。

7. 你喜欢体育课、工艺课和雕塑课。

8. 你喜欢借手势或其他肢体语言来表达自我。

9. 你喜欢和孩子玩吵闹混战的游戏。

10. 你学习新东西时不能光靠阅读手册或观看录像带，必须亲自动手触摸、操控才能掌握。

## （五）第五项

1. 你会演奏某种乐器。

2. 你唱歌不会走音。

3. 通常你在听了几次之后，就可以记得某一首歌曲的旋律。

4. 你常在家中、车里听音乐，偶尔也去聆听演唱会，工作时喜欢（甚至需要）有背景音乐。

5. 你会跟着音乐打拍子，很有节奏感。

6. 你很容易就可以辨别听到的声音是何种乐器发出的声音。

7. 你喜欢的节目的主题曲或广告歌曲常会浮现在你的脑海中。

8. 没有音乐你就很难生活，而且音乐很容易引发你的情绪和想象。

9. 你常常哼唱歌曲或吹口哨。

10. 你喜欢用节奏或押韵来记忆事物，如有节奏地背诵电话号码。

## （六）第六项

1. 你喜欢加入小组或委员会，与他人一起工作。

2. 你好为人师。

3. 别人向你讨教时，你觉得自己富有同情心。

4. 你喜欢团队运动项目（如篮球、垒球、足球等）甚于个人运动项目（如

游泳、赛跑等）。

5. 你喜欢有别人参与的游戏，如桥牌、大富翁等。
6. 你喜欢社交生活，宁愿参加宴会更甚于单独待在家中看电视。
7. 你有不少要好的朋友。
8. 你常和别人来往，善于调解争端。
9. 你喜欢带头示范。
10. 你喜欢和别人讨论问题，而不愿意单独想办法解决问题。

### （七）第七项

1. 你喜欢写日记，记录个人的心思意念。
2. 你常独自沉思你一生的重要经历。
3. 你有人生规划，知道自己努力的方向。
4. 你有独立的思想，了解自己的心思，自己可以下决心。
5. 你有自己的兴趣爱好，不想和人共享。
6. 你喜欢垂钓或独自散步，喜欢独处。
7. 你向往到山上独立的小屋度假，更甚于住名胜地区的五星级酒店。
8. 你了解自己的长处和短处。
9. 你曾参加自我进修的课程，或学习过如何更清晰地认识自己。
10. 你喜欢自己当老板，或曾认真考虑过“做自己的事”。

### （八）第八项

1. 你很喜爱宠物并自己养宠物。
2. 你可以说出许多花草树木的名称。
3. 你知道身体各器官的位置及功能，且经常学习保健知识。
4. 你对野生动物的行踪、巢穴很在行，而且很会观察气象。
5. 你很羡慕农夫和渔人。

6. 你是个勤劳的园丁，熟悉季节的更替。

7. 你对环保很热心，很有见识。

8. 你对天文学、宇宙的起源和生物的进化很感兴趣。

9. 你对社会问题、心理学和人的行为动机很感兴趣。

10. 你认为资源保护和永续发展是现代人类最迫切的问题。

解读：看看哪几项你的得分较高，你大致就偏向哪些智能。

## 每天成功一点点

在长达两年的时间里，英才教育的儿童专家们联合儿童医院、儿童心理研究中心，通过对 12830 个儿童的调查、研究发现：约 20% 的孩子怕生，不爱说话；约 69% 的孩子不爱运动；约 17.2% 的孩子性格孤僻；约 66.7% 的孩子动手能力差；约 11.7% 的孩子学习能力差；约 6.7% 的孩子怕黑；约 3.2% 的孩子有睡眠障碍……

如果让你去各个智能中心应聘的话，你会去哪个中心？请详细说明理由。

______________________________

______________________________

______________________________

# 第四节 我很重要

## 我很重要（节选）

毕淑敏

回溯我们诞生的过程，两组生命基因的嵌合，更是充满了人所不能把握的偶然性。我们每一个个体，都是机遇的产物。

我们的生命，端坐于概率垒就的金字塔的顶端。面对大自然的鬼斧神工，我们还有权利和资格说我不重要吗？

对于我们的父母，我们永远是不可重复的孤本。无论他们有多少儿女，我们都是独特的一个。

假如我不存在了，他们就空留一份慈爱，在风中蛛丝般无法附依地飘荡。假如我生了病，他们的心就会皱缩成石块，无数次向上苍祈祷我的康复，甚至愿灾痛以十倍的烈度降临于他们自身，以换取我的平安。

我的每一点成功，都如同经过放大镜，进入他们的瞳孔，摄入他们心底。假如我们先他们而去，他们的白发会从日出垂到日暮，他们的泪水会使太平洋为之涨潮。面对这无法承

载的亲情，我们还敢说我不重要吗？

……

是的，我很重要。我们每一个人都应该有勇气这样说。我们的地位可能很卑微，我们的身份可能很渺小，但这丝毫不意味着我们不重要。

重要并不是伟大的同义词，它是心灵对生命的允诺。

对于一株新生的树苗，每一片叶子都很重要。对于一名孕育中的胚胎，每一段染色体碎片都很重要。甚至驰骋寰宇的航天飞机，也可以因为一个密封橡皮圈的疏漏而凌空爆炸，你能说它不重要吗？

让我们昂起头，对着我们这颗美丽的星球上无数的生灵，响亮地宣布——我很重要！

**生命是宝贵的，生命属于人只有一次，国家制定了相关的法律，保护每个人的生命不受侵害。那么，我们该怎样珍爱自己的生命呢？**

### “珍惜生命”，绝不自杀的14种理由

理由一：把“完满”那根绳索丢得远远的。

理由二：上帝关上一扇窗，兴许会打开一扇更大的门。

理由三：不要急，慢一点。

理由四：别神话“非死不可”的认定。

理由五：给希望留下一扇窗户。

理由六：成功不是“独木桥”。

理由七：也许一切都可以放弃，但对生命的信念不能放弃。

理由八：不要制造“想当然”的悲剧。

理由九：设想“死了”并重生。

理由十：从自杀而重生的人那里获得教训。

理由十一：让生命升华，想想那些未完成的使命。

理由十二：为了所爱的人，你没有资格去死。

理由十三：敞开心扉，不要自绝于家庭或者社会支持系统。

理由十四：活下去，并且要记住。

## 一、读故事

阅读《假如给我三天光明》这本书，然后思考以下问题。

1. 读了这本书，你有什么感想？

______________________________

______________________________

______________________________

2. 现在，你生命中最大的苦恼是什么？

______________________________

______________________________

______________________________

3．你是怎样面对这些苦恼的？

______________________________

______________________________

______________________________

______________________________

4．你现在如何看待生命？

______________________________

______________________________

______________________________

______________________________

## 二、小组探讨

以小组为单位，讨论下面的问题。通过讨论，更加认识生命的珍贵。

1．因家长禁止玩游戏机，广东省顺德市的一名初三男生上吊自杀。

2．一些学生因为父母的不理解而产生轻生的念头。

生命是珍贵的，需要我们认真加以保护。无论何时何地，无论遇到多大的挫折，都不能轻易放弃生的希望。

在生命受到威胁时，一定要有求生的意志。

## 每天成功一点点

1．这个世界上最爱我的人是______________________________

2．我将来要回报他（她）的______________________________

______________________________

______________________________

# 第五节　做最好的自己——悦纳自我

## 20 美元的价值

在一次讨论会上，一位著名的演说家没讲一句开场白，手里却高举着一张 20 美元的钞票。

面对会议室里的 200 个人，他问："谁要这 20 美元？"一只只手举了起来。

他接着说："我打算把这 20 美元送给你们其中的一位，但在这之前，请准许我做一件事。"

说着，他便将钞票揉成一团，然后问："还有人愿意要吗？"仍有人举起手来。

他又说："那么，假如我这样做又会怎么样呢？"他把钞票扔到地上，又踏上一只脚，并且用脚碾它。

然后，他再拾起这张钞票，此时钞票已经变得又脏又皱。"现在还有人愿意要它吗？"这时，会议室里还是有人举起手来。

"朋友们，你们已经告诉了我一个真理，也给我上了一堂很有意义的课。无论我如何对待这张钞票，还是有那么

多人想要它，为什么呢？因为你认识到了它的价值！它并没有因为我对它做了什么而贬值！人生路上，我们会无数次被自己的决定或碰到的逆境所击倒、欺凌甚至碾得粉身碎骨，我们觉得自己似乎一文不值。但无论发生什么，或将要发生什么，在上帝的眼中，我们永远不会丧失价值。在他看来，肮脏或洁净，衣着齐整或不齐，我们依然是无价之宝。生命的价值不依赖我们的所作所为，也不仰仗我们结交的人物，而是取决于我们本身！我们是独特的——永远不能忘记这一点！”

## 自我悦纳

我们都喜欢照镜子，科学家们发现，女孩子照镜子时和男孩子照镜子时的感觉并不一样。男孩子在镜子面前自我欣赏，女孩子关心的则是从镜子里看看别人眼中的“我”是什么样的。虽然出发点不同，但在关注自己这一点上却是共同的，不过有的人虽然关注自己，但并不喜欢自己。

那么，喜欢自己是不是很重要呢？答案是肯定的。心理学家告诉我们，除非我们确实喜欢自己，否则我们无法喜欢别人。怨恨一切事物和每一个人的人，会更加表现出自我挫折感和深深的自我厌恶感。

心理健康的一个重要标志就是喜欢你自己，接纳你自己。我们每个人都有自己的优点和长处，也都有自己的弱点和短处。我们生活在社会中，需要通过完成社会工作（在学生时代主要是学习）的结果来知觉自己身上的特长和不足。因此，随着社会化程度的不断提高，我们得到的信息会越来越多，我们会逐渐对自己有一个恰当的、客观的、全面的自我评价，既不会因为自己某方面的能力缺陷而怀疑自己的全部能力，也不会盲目估计自己的能力，忽视补偿自己的不足。

喜欢自己的第一步就是不再以别人的标准来判断自己，而是建立起自己的价值观，然后付诸生活。同时必须学会接纳自己，减少不必要的自我责备。

有了自我接受，你就会用一种欣赏的眼光去注意你周围的每一个人。你会发现他们身上有许多可爱和闪光的地方值得赞美和学习。你不再需要虚假的幻想世界，而是踏踏实实地选择了现实，真心和每个人交往和相处，在你接纳了自己和他人的同时，社会也接纳了你。

其实，悦纳自己就是相信自己。相信自己的双手能够开创一片美丽的天空，相信自己的双脚能够走好一段多彩的路程；相信自己只要奋斗了，追求了，就不会只得到痛苦和失败；相信自己只要拼搏进取了，理想的实现就不会是镜中花、水中月。

悦纳自己就是解脱自己。生活中有太多的不如意，如考场失利、人际困扰、天灾人祸……如果我们总是无休止地埋怨自己、惩罚自己，那就只会生活在自卑自贱中，甚至走向自暴自弃。只有告别过去，微笑着面对未来，才能听到重整旗鼓后的嘹亮声音。要知道，经受风霜后的花儿才会更加芬芳。

悦纳自己就是正视自己。“尺有所短，寸有所长”，可能你个子很小，但是你行动敏捷；可能你其貌不扬，但是你心地善良。只看到自己的长处会停滞不前，但若只盯住自己的不足，则容易被自卑、气馁所困扰。正视自己，量力而行，才能最大限度地发挥自己的潜能，实现自己的价值。

悦纳自己还要不断完善自己。在学识修养上，要不断充实和提高自己；

在品德人格上，要继续培育和完善自己。要把目光盯在前方，放下包袱，轻装上阵，跨越坎坷，才能迎来成功。让我们的花季岁月更灿烂，让青春时光更美好！

## 宝石工匠

宝石的加工过程很复杂，但是每一步都很重要。只有认真地做好每一步，才能最终得到一颗美丽的宝石。宝石的加工过程是很痛苦的，犹如我们每一个人的成长过程。同学们，你准备好“打磨”自己了吗？

1. 请十位同学一字排开，每一位同学代表石头的一种状态：第一位同学代表顽石，第二位同学代表砂岩，第三位同学代表花岗岩，第四位同学代表大理石，第五位同学代表汉白玉，第六位同学代表猫眼石，第七位同学代表水晶石，第八位同学代表红宝石，第九位同学代表蓝宝石，第十位同学代表钻石。这十位同学所代表的石头状态分别表示各位同学的自我实现的状态，从顽石到钻石是依次增高的顺序，这十位同学可以在手里举起一个写有宝石名称的牌子，或者将写有宝石名称的纸条贴在身上醒目的位置。

2. 其他同学请思考：我现在的状态处于哪个位置？

3. 老师播放轻音乐，每位同学根据自己思考的结果，用五分钟的时间，选择觉得符合自己的位置站好。例如，张三同学觉得自己现在的状态处于顽石和钻石之间的猫眼石的位置，那么，他就站在代表猫眼石的同学的位置处。当然，如果你觉得自己现在是钻石的状态，那就站在代表钻石的那位同学旁边吧！

你选择的位置是________________________________

4. 你为什么选择这个位置？

______________________________________________

______________________________________________

______________________________________________

5. 填写我的状态清单：

（1）我过去的状态是 ______________________________

（2）我现在的状态是 ______________________________

（3）我下一步想要达到的状态是 ______________________

（4）我最终想要达到的状态是________________________

（5）为了达到这样的状态，我要做的事情：

①__________________________________________

② __________________________________________

③ __________________________________________

我们每一个人就像一颗宝石，是独特而美丽的，然而再美的宝石也需要宝石工匠用心地打磨和加工，才能让宝石那璀璨夺目的光芒散发出来。而这个宝石工匠只能是我们自己。只有当我们用心地爱护自己，相信自己是一颗美丽而独特的宝石时，我们才能够最终将自己打磨成一个散发着璀璨耀眼的光芒的人！

## 认识你自己

请写下你对自己的认识：用“我是……”的句式写下一句话。

1．我是____________________的人。
2．我是____________________的人。
3．我是____________________的人。
4．我是____________________的人。
5．我是____________________的人。
6．我是____________________的人。
7．我是____________________的人。
8．我是____________________的人。
9．我是____________________的人。
10. 我是____________________的人。
11. 我是____________________的人。
12. 我是____________________的人。
13. 我是____________________的人。
14. 我是____________________的人。
15. 我是____________________的人。

# 第二章

# 自我调节篇

三国时期，吴国的青年军事家周瑜具有大将之才，年仅34岁就率军破曹，取得赤壁之战的辉煌胜利。然而，他心胸狭窄，气量相当小，总想高人一筹，对才能胜过自己的诸葛亮始终耿耿于怀，屡次设计暗害。但偏偏事与愿违，害人不成反害己，赔了夫人又折兵。在诸葛亮三气之下，周瑜终于含恨而死。

# 第一节　我的情绪我做主——情绪管理能力

## 老奶奶的故事

从前，有一位老奶奶，她有两个儿子，大儿子卖雨伞，小儿子开了家洗染店。

天一下雨，老奶奶就发愁地说："我小儿子洗的衣服到哪里去晒呀？要是干不了，顾客就该找他的麻烦了……"

天晴了，太阳出来了，可老奶奶还是发愁："哎，看这大晴天，哪还有人来买我大儿子的雨伞呀！"

就这样，老奶奶一天到晚愁眉不展，吃不下饭，睡不着觉。

邻居见她一天天地衰老下去，便对她说："老奶奶，您好福气呀！一到下雨天，您大儿子的雨伞就卖得特别好。天一晴，您小儿子的店里就顾客盈门。真让人羡慕呀！"

老奶奶一想，对呀，我原来怎么就没想到呢？从此以后，老奶奶不再发愁了。她吃得香、睡得甜，整天乐呵呵的，大家都说她好像变了一个人。

**老奶奶因为什么忧愁？老奶奶又因为什么乐呵呵？老奶奶的情绪为什么由忧愁又转变成开心？**

老奶奶情绪的变化取决于什么？

你听过这个故事吗？从这个故事中，你能想到什么？

______________________________________

______________________________________

## 情绪 ABC 理论

人的情绪不是由某一诱发性事件本身所引起的，而是由经历了这一事件的人对这一事件的解释和评价所引起的，这就是 ABC 理论的基本观点。在

ABC 理论模式中，A 是指诱发性事件；B 是指个体在遇到诱发性事件之后相应而生的信念，即对这一事件的看法、解释和评价；C 是指特定情景下，个体的情绪及行为的结果。

通常人们会认为，人的情绪的行为反应是直接由诱发性事件 A 引起的，即 A 引起了 C。ABC 理论则指出，诱发性事件 A 只是引起情绪及行为反应的间接原因，而人们对诱发性事件所持有的信念、看法、解释 B 才是引起人的情绪及行为反应的更直接的原因。

两种不同的想法就会导致两种不同的情绪和行为反应。前者可能觉得无所谓，该干什么仍继续干自己的；而后者可能忧心忡忡，以致无法冷静下来干好自己的工作。从这个简单的例子可以看出，人的情绪及行为反应与人们对事物的想法、看法有直接关系。在这些想法和看法的背后，有着人们对一类事物的共同看法，这就是信念。这两种信念，前者在合理情绪疗法中称之为“合理的信念”，而后者被称之为“不合理的信念”。合理的信念会引起人们对事物适当、适度的情绪和行为反应，而不合理的信念则相反，往往会导致不适当的情绪和行为反应。当人们坚持某些不合理的信念，长期处于不良的情绪状态中时，最终将导致情绪障碍的产生。

## 绘制“情绪天气图”

1. 请你对照“情绪天气图”，对自己最近一周或半个月以来的情绪体验进行总结，选出最适合自己情绪体验的词。如“情绪天气图”中没列出来，自己也可以补充写上。

**喜**：开心　欢乐　高兴　愉快　兴奋　喜悦　欣喜　满足　适意　称心

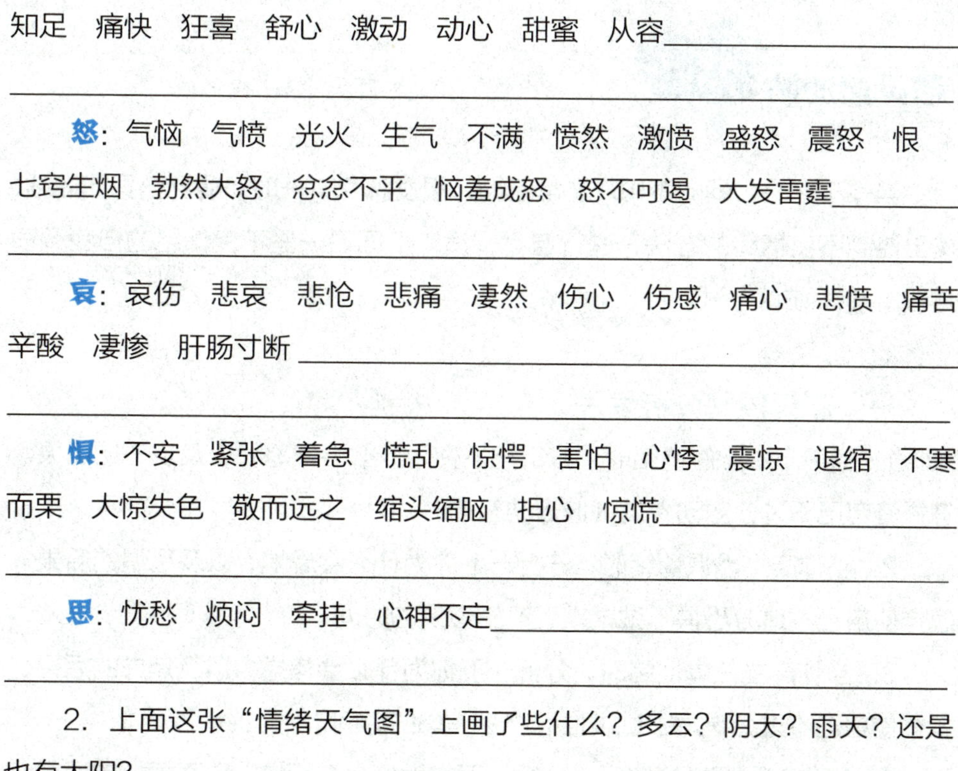

知足　痛快　狂喜　舒心　激动　动心　甜蜜　从容________________________________

**怒**：气恼　气愤　光火　生气　不满　愤然　激愤　盛怒　震怒　恨七窍生烟　勃然大怒　忿忿不平　恼羞成怒　怒不可遏　大发雷霆________________________________

**哀**：哀伤　悲哀　悲怆　悲痛　凄然　伤心　伤感　痛心　悲愤　痛苦辛酸　凄惨　肝肠寸断________________________________

**惧**：不安　紧张　着急　慌乱　惊愕　害怕　心悸　震惊　退缩　不寒而栗　大惊失色　敬而远之　缩头缩脑　担心　惊慌________________________________

**思**：忧愁　烦闷　牵挂　心神不定________________________________

2. 上面这张“情绪天气图”上画了些什么？多云？阴天？雨天？还是也有太阳？

________________________________

3. 坏情绪好比一颗炸弹，既有生命自我保护功能，也是一种巨大的能量，宜导不宜堵。你是不是一个处理坏情绪炸弹的高手呢？

（1）回忆一下最近一个月有没有遇到让你生气的事情，请把它们写下来，然后按照 0~10 的等级，评估这些事情让你生气的程度。

（2）你采用了哪些方法来处理这些坏情绪？

（3）在你的处理方法中，你认为哪几种最让你满意，效果最好？

当你不开心、闷闷不乐、非常苦恼、想发脾气……时，请到心灵加油站，找出控制不良情绪的方法，进行自我调适。下面是一些不良情绪的自我调适方法，你不妨试一试。

## 一、起因控制分析方法

1. 当你产生激怒情绪时，分析一下你为什么会发怒，以及发怒的后果。怎样使自己不过分激动？试试推迟动怒的时间。

2. 当你产生恐惧情绪时，分析一下你为什么会恐惧，以及恐惧的后果。怎样使自己不过分恐惧？试试推迟产生恐惧的时间。

3. 当你产生焦虑情绪时，分析一下你为什么会焦虑，以及焦虑的后果。怎样使自己不过分焦虑？试试推迟产生焦虑的时间。

4. 当你产生烦恼情绪时，分析一下你为什么会烦恼，以及烦恼的后果。怎样使自己不过分烦恼？试试推迟感到烦恼的时间。

5. 当你感到很压抑时，分析一下你为什么会感到压抑，以及压抑的后果。怎样使自己不过分压抑？试试推迟感到压抑的时间。

……

## 二、怡悦调适法

传说古代名医张子和善治疑难怪病，在当时很有名气。

一天，一个名叫项关令的人来求诊，说他夫人得了一种怪病，只知道腹中饥饿，却不想吃饭，整天大喊大叫，喜怒无常，而且有时愤怒得想要杀人。他请了许多医生，都治不好夫人的病。

张子和仔细检查后，认为此病服药难以奏效。他让病人家属找来两名老妇人，在病人面前涂脂抹粉，并做出许多滑稽的动作。病人看了，忍不住大笑起来，心情愉悦，病情也就减轻了。

接着，张子和又叫病人家属请来两位食欲旺盛的妇女，在病人面前狼吞虎咽地吃东西。病人看着看着，也不知不觉地跟着吃起来。就这样，张子和利用怡悦引导之法，使病人的心情逐渐平和稳定下来，最终达到不药而愈。

## 三、宣泄法

一是痛哭宣泄。在你感到特别痛苦、悲伤、难过时，不妨痛痛快快地大哭一场。哭能有效地释放积聚在内心的痛楚，能调节心理平衡。痛哭是消极情绪积累到一定程度的大爆发，好比盛夏的暴雨，越是倾盆而下，天晴得也就越快。

二是倾吐或书写宣泄。向你尊敬的师长、最信得过的朋友倾诉，或通过写日记，把心中的不快、郁闷、愤怒、困惑等消极情绪一股脑儿倒出来，会让你的心情轻松起来。

三是借物宣泄。当你受了委屈或欺侮后，可以回到家关起门来，用力捶打你的被子、枕头，等捶打到你疲乏时，你会觉得心里轻松了许多。这样做既让自己出了气，又不会造成什么严重后果。你也可以把你的毛绒玩具、布娃娃等举过头顶，然后用力摔到床上，这样做也有利于化解不良情绪。

四是欣赏音乐或散步等。音乐的频率、节奏和有规律的声波振动，是一种物理能量，而适度的物理能量会引起人体组织细胞发生和谐共振现象，能使颅腔、胸腔或某一个组织产生共振，这种声波引起的共振现象，会直接影响人的脑电波、心率、呼吸节奏等。科学家认为，当人处在优美悦耳的音乐环境之中时，可以改善神经系统、心血管系统、内分泌系统和消化系统的功能，促使人体分泌一种有利于身体健康的活性物质，可以调节体内血管的流量和神经传导，改善人们的情绪，激发人们的感情，振奋人们的精神。而适当地散步，呼吸新鲜空气，可以让大脑得到暂时的放空，也可以起到释放压力的作用。

总之，要及时运用情绪排泄法，让不良情绪得到有效化解，让精神之库不断注入振奋、欢欣与愉悦，让心境之水永远清澈与蔚蓝。

## 踢猫效应

某公司董事长为了重整公司一切事务，向全体员工许诺自己将早到晚回。可是有一次，他看报看得太入迷，以致忘了时间。为了不迟到，他在公路上超速驾驶，结果被警察开了罚单，最后还是迟到了。这位董事长愤怒至极，来到办公室后，为了转移别人的注意力，将销售经理叫到办公室训斥了一番。销售经理挨训之后，气急败坏地走出董事长办公室，将秘书叫到自己的办公室，并对他挑剔了一番。秘书无缘无故被人挑剔，自然是一肚子气，就故意找电话接线员的碴儿。电话接线员无可奈何、垂头丧气地回到家，对着自己的儿子大发雷霆。儿子莫名其妙地被父亲痛斥之后，也很恼火，便对着自己家里的猫狠狠地踢了一脚。

选择这个情绪链条中任意环节中的一个或者几个人，给他或者他们提供一些情绪管理的办法吧！

# 第二节　我相信我能飞——自信心培养

## 皮格马利翁效应

这是一则古希腊神话故事。塞浦路斯的国王皮格马利翁是一位有名的雕塑家，他不喜欢凡间的女子，便精心地用象牙雕刻了一位美丽可爱的少女。他深深地爱上了这个“少女”，给它穿上美丽的长袍，拥抱它，亲吻它，并为其取名“盖拉蒂”。他真诚地期望自己的爱能被“少女”接受。可是，时间一点点流逝，它依然是一尊雕像。皮格马利翁感到很绝望，他不愿意再受这种单相思的煎熬，于是带着丰盛的祭品来到爱神阿芙洛狄忒的神殿，祈求女神能赐给他一位如盖拉蒂一样优雅、美丽的妻子。

皮格马利翁回到家后，径直走到雕像旁，凝视着它。这时，雕像发生了变化，它的脸颊慢慢地呈现出血色，它的眼睛开始释放出光芒，它的嘴唇缓缓张开，露出了甜蜜的微笑。盖拉蒂变成了人，她用充满爱意的眼光看着皮格马利翁，浑身散发出温柔的气息。

后来，人们从这个故事中总结出了“皮格马利翁效应”，即期望和赞美能产生奇迹。对这一效应做出经典

证明并使它广泛运用的是美国心理学家罗森塔尔和他的助手们，因此，“皮格马利翁效应”又被称为“罗森塔尔效应”。

1960年，哈佛大学的罗森塔尔博士曾在加州一所学校做过一个著名的实验。

新学期，校长对两位教师说：“根据过去几年来的教学表现，你们是本校最好的教师。为了奖励你们，今年学校特地挑选了一些最聪明的学生给你们教。记住，这些学生的智商比同龄的孩子都要高。”然后，校长再三叮咛，要像平常一样教学，不要让孩子或家长知道他们是被特意挑选出来的。

这两位教师非常高兴，更加努力教学了。

我们来看一下结果：一年之后，这两个班级的学生成绩是全校中最优秀的，比其他班学生的分数高出好几倍。

知道结果后，校长不好意思地告诉这两位教师真相：他们所教的这些学生智商并不比别的班级的学生高。这两位教师哪里会料到事情是这样的，只得庆幸是自己教得好了。

随后，校长又告诉他们另一个真相：他们两个也不是本校最好的教师，而是随机抽出来的。

正是学校对教师的积极暗示和教师对学生的积极暗示，才使教师和学生都产生了一种努力改变自我、完善自我的进步动力。

这种企盼将美好的愿望变成现实的心理，表明每一个人都有可能成功，但是能不能成功，主要取决于自己是不是相信自己能够成功。

自信是个体对自己的积极肯定和确认程度，是对自身能力、价值等做出正向认知与评价的一种相对稳定的人格特征。其相对性是指，自信既是一种稳定的人格特质，又受具体情境的影响，可以说，有多少种情境，就有多少种自信。

对人影响最大的心理缺陷就是不自信。自信心关系到个体能否适应社会，能否走向成功。自信心强的人具备相信自己能够成功、成才的心理素质，能够对自身能力进行科学评价。

缺乏自信心，就会产生心理上的自我鄙视、自我否定、自我挫败。因此，自信是成功的关键。毛泽东曾在年轻时代就发出“自信人生二百年，会当水击三千里”的豪言壮语，立下鲲鹏之志，谱写了光辉灿烂的一生。所以，我们每个人都应该增强自信心，受挫时不气馁，失败时不灰心，顺利时不自负。

自信是成功的阶梯，唯有自信，才能取得一个又一个成功。广州军区某部班长宗道辉起初只有初中文化程度，面对别人的质疑，他不为所动，自信地盯着未来作战需要矢志习武，终于熟练掌握了 18 项军事技能，填补了多项技术空白，被评为“全能士官”。宗道辉的成功启示我们，人只有自信，才能自强不息，才能为自己既定的理想而努力奋斗；只有自信，才能在工作和学习中保持必胜的信念和昂扬的斗志，勇往直前地攀登理想的高峰。

一位哲人说过：“自信心是美好生活的源头。”自信心对一个人一生的发展有着基础性的支撑作用。一个人不能没有自信心，一个民族更不能没有自信心。民族自信心是一个民族走向强大的永恒动力，它建立在一代又一代有作为的青年人身上。祖国的繁荣昌盛，民族的伟大复兴，这一重任落在了我们青年人的肩上，我们应该满怀信心地去奋斗。

## 一、读故事

一位老人在湖边垂钓，发现旁边坐着一个愁眉不展的年轻人。

老人问："你为何这样垂头丧气？"

"我是个穷光蛋，一无所有，哪里开心得起来！"年轻人非常郁闷地答道。

"那这样吧，我出20万元买你的自信心。"老人想了想说道。

"没有那点儿自信心，我就什么也做不了了，不卖！"年轻人头摇得像拨浪鼓一样。

"我再出20万元买你的智慧，你可愿意？"老人继续出价。

"一个空空的头脑什么也做不了，不卖。"年轻人想都没想，一口拒绝。

"我再出30万元买你的外貌。"老人望着年轻人的面容说道。

"没有了外貌，活着还有什么意思？不卖。"年轻人答道。

"这样吧，我最后再出30万元买你的勇气，如何？"老人笑嘻嘻地问道。

"我可不想成为一个一蹶不振的人。"年轻人愤愤地转身离去。

老人忙挽留，缓缓说道："你看，我分别用20万元买你的自信心，20万元买你的智慧，30万元买你的外貌，30万元买你的勇气，一共是100万元，你都没有同意卖。年轻人，你现在拥有100万元，你还能说你是穷光蛋吗？"

读了这个故事，你从中联想到了什么？

______________________________

______________________________________________

______________________________________________

## 二、“优点大轰炸”

每个人身上都有很多闪光点，有些你可能发现了，但是更多的优点却被自己忽略了。今天，让我们擦亮眼睛，用自己的心灵去感受自己和他人身上的闪光点吧！

1. 前后 4 人为一组，相对而坐。

2. 给每个同学 8 分钟时间，写下自己的 3 个优点，并分别写出你组内每个同学的 3 个优点。

（1）我自己的优点有______________________________

______________________________________________

（2）我同组的__________优点有______________________

______________________________________________

（3）我同组的__________优点有______________________

______________________________________________

（4）我同组的__________优点有______________________

______________________________________________

3. “优点轰炸”规则：同学轮流对本组组员的优点进行“轰炸”，对同学的优点“轰炸”要真诚，不要说得太空洞，要有具体内容（如果观点相同，要力求表达不同），用“我认为你的优点有__________，我是从__________发现的”句式表达。

一轮“优点轰炸”结束后，被“轰炸”人读出自己写下的自己的优点，然后说出同学帮助自己找到的其他优点，并将同学发现的自己的优点写下来。

______________________________________________

______________________________________________

4. 活动分享。

你以前有没有发现自己有这么多优点?

______

______

通过自己对别人、别人对自己的优点的“轰炸”，你有什么收获?

______

______

## 三、关注自己的优点

每个人都有自己的优点、特长，关键是自己能否意识到并把它们发挥出来。经常想想这些优点，不管是哪方面的，都能让你感受到正能量的召唤，提升自己的自信力。因为懂得欣赏自己的人，才会更懂得欣赏别人。

### 优点清单

品质：诚信、孝顺、正直……

能力：思维能力、学习能力、运动能力、分析能力、综合能力、表达能力、组织能力、处事能力、沟通能力……

性格：乐观、开朗、自信、积极、大方……

爱好：……

习惯：……

言谈举止：……

……

## 四、诵读佳句

能够使我漂浮于人生的泥沼中而不致陷污的，是我的信心。——但丁

在人生里，每一个人都有其独特非凡的素质，有的香盛，有的色浓，很

少很少能兼具美丽而芳香的，因此我们不必一味羡慕别人某些天生的素质，而要发现自我独特的风格。——林清玄

美国心理学家罗伯特·安东尼这样告诉世人，“将自己的每一条优点都列出来，用赞美的眼光去看它们，经常看，最好能背下来。通过集中注意自己的优点，你将在心理上树立信心：你是一个有价值、有能力、与众不同的人”。

在成长的路上，只要你学会自我定位，学会自我欣赏，学会自我激励，你就一定可以活出新的高度。让我们用赞赏的眼光发现别人的优点，感受其散发出来的正能量；更要用自信的眼光去发现自己的优点，感受自己成长的光芒。

## 建立自信的方法

方法一，破除自卑。

破除自卑是建立自信的根本方法。而破除自卑方法的具体实施，就是正确认识每一个引起自卑的事实。

人为什么会产生自卑心理？是因为有一种认识在支配你，而那种认识是错误的。你因为家庭条件不好而自卑，是因为你有一种错误的认识，认为家庭条件不好会遭人轻视。你要给自己一种正确的认识：我家庭条件不好，学习条件恶劣，但是我经过努力学得更好，说明我更有学习能力，我会赢得更多的尊重。这就是正确的认识。你因为个子矮而自卑，那么我们可以说，世界上伟大的人物中有很多个子不高，所以，我们不需要为个子矮而自卑。

总之，要给引起自卑的事实正确的认识，这是破除自卑的具体方法。

方法二，从现在开始挺胸抬头。

建立自信从调整自己的基本姿势开始，在生活中要挺胸抬头。在很多场合，那些自信的人会挺胸抬头，那些自卑的人则低头弯腰。反过来，挺胸抬头容易带来自信的感觉，低头弯腰容易带来自卑的感觉。

方法三，在生活中要面带微笑。

微笑是获得自信的一个很好的方法。当你在比赛、考试、学习、日常生活、唱歌、跳舞、体育等方面感到自己不够自信，甚至有些自卑时，挺胸抬头，面带微笑，就能解决问题。

方法四，从大声讲话开始训练。

大声讲话，就是训练表达的自信，是建立完整自信的一个特别好的突破口，要从今天就开始训练，一定要敢张嘴，一定要放开音量。不敢在人多的场合练，那就在人少的场合练；不敢当着别人的面练，那就先面对镜子自己练。

方法五，进行积极的自我暗示。

自我暗示的方法有很多，可以把这些话写在日记本上，贴在墙上，在自己心中默念，如我是一个高智商的人，我是一个聪明的人，我是一个强者，我是一个健康的人，我是一个有道德的人，我是一个洒脱自在的人，我是一个自信的人……要经常用这样的语言来暗示自己。

方法六，自我描述的方法。

要不断地在生活中描述自己：讲健康，自己就健康；讲自信，就有可能变得越来越自信。你可以这样跟同学们讲：我觉得自己别的优点不多，但是我有一个优点，我很自信。我做事情也可能没有这个方法、那个方法，但是我始终自信地去做。大胆地描述自己，特别重要。

方法七，从行动开始，确立自己的自信心。

自信不能停留在想象上。要成为自信者，就要像自信者一样去行动。我们在生活中自信地讲了话，自信地做了事，我们的自信心就能真正确立起来。

我们每一个自信的表情、每一个自信的手势、每一次自信的寒暄都能真正有助于培养我们的自信心。

我们每个人都处在社会中，每个人都要推销自己，那么，把自己推销给社会，自信是最重要的广告，自信是最重要的宣传，自信是使社会接受自己最重要的手段。

自信有罗森塔尔效应，我们每个人要对自己实施罗森塔尔效应的暗示。

## 每天成功一点点

1. 在你的人生经历中，你做过的最成功的一件事是________________________________________________________________________________________________________________________（请经常想起它，尤其是在你失意的时候）。

2. 你当时的心理感受是__________________________________________（请你经常强化这种感觉，尤其是在你不如意的时候）。

建议：每天读一读你的优点小卡片，一周后，反思自己的变化。

# 第三节　阳光总在风雨后——意志力培养

## 胡萝卜、鸡蛋和咖啡

胡萝卜、鸡蛋、咖啡，这三样东西面临同样的逆境——煮沸的开水时，其反应各不相同。胡萝卜入锅之前是强壮的、结实的，但进入开水之后，它就变软了，变弱了。鸡蛋原来是易碎的，薄薄的外壳保护着呈液体状的内脏，但是经开水一煮，它的内脏就变硬了。而粉状咖啡豆很独特，它进入沸水之后，最终改变了水。

哪个是你呢？当逆境找上门来时，你该如何反应？你是看似强硬，但遭遇痛苦和逆境后就变畏缩了，变软弱了，失去了力量的胡萝卜吗？你是内心原本可塑的鸡蛋吗？你之前是个性情不定的人，但经过各种挫折，是不是变得坚强了，变得倔强了？你的外壳看似和从前一样，但你是不是因为有了坚强的性格和内心，而变得严厉、强硬了？或者，你像是咖啡豆，改变了给它带来痛苦的开水，并在达到高温时散发出最佳的香味！

巴甫洛夫认为，意志行动是通过一系列随意运动实现的，随意运动是由感受和效应所组成的复杂机能系统，语词是随意运动的高级调节者。

意志是人自觉地确定目的，并根据目的调节、支配自身的行动，克服困难，去实现预定目的的心理过程。我们在完成某一项工作时，需要意志的参与，以克服各种困难，实现预定目的。

意志对行动的调节作用有两个方面：一是发动，一是抑制。前者表现为推动人们为达到预定目的而行动，如为了完成某项工作，意志会推动人们去寻找设备、查资料、向别人请教等。后者表现为制止与预定目的相矛盾的行动，如为了完成某项工作，意志会使人放弃某些妨碍他工作的活动。在实际活动中，意志对行动的发动和抑制作用不是互相排斥的，而是互相联系、互相统一的。为了达到预定目的，意志通过抑制和发动这两个作用，克制与预定目的相矛盾的行动，发动和预定目的的实现有关的行动，从而实现对人的活动的支配和调节。意志不仅调节外部动作，更主要的是调节人的心理状态。

## 一、意志与情绪的关系

意志与情绪有着密切的联系，表现在情绪既可以成为意志的动力，又可以成为意志的阻力。当某种情绪对人的活动起推动或支持作用时，该情绪会成为意志的动力。例如，在学习、工作中，积极的心境、社会责任感等会推动人们努力学习、辛勤劳动。当某种情绪对人的活动起阻碍或消极作用时，该情绪就会成为意志的阻力。例如，在学习、工作中，消极的心境、高度的应激状态和害怕困难的情绪等会阻碍意志行动的执行，削弱人的意志。消极情绪对意志的影响力取决于一个人的意志力，意志坚强者可以克服消极情绪的干扰，使行动自始至终顺利进行，而意志薄弱者可能会被消极情绪所击垮，使行动半途而废。

## 二、意志与个性的关系

意志与个性的关系同样密切。首先，意志和理想、信念、世界观的关系密切。一个真正树立了长远理想的人，必然是意志坚强者。其次，意志和兴趣、爱好的关系密切。一个对某种活动或事业充满着浓厚兴趣和爱好的人，就会全力以赴地克服前进道路上的困难和障碍，表现出坚强的意志，以达到预定目的。相反，一个人对某种活动或事业没有兴趣，缺少行动的愿望，即使被外力强迫去做，也会在困难面前退缩。但是，如果一个人意志十分坚强，即使他对所从事的某种活动本来没有兴趣，也可能会以坚强的意志去克服活动中的各种障碍，达到预定目的。并且，他也可能在完成目的任务的过程中，逐渐对该活动产生兴趣和爱好。可见，意志和兴趣、爱好的关系是十分密切的。

## 三、意志品质及其培养

意志品质不仅能调控人的外在行为，也能调控人的心理活动、认识活动和情绪状态，所以，良好的意志品质有助于我们的身心健康，有助于我们成才。美国心理学家特尔曼和希尔斯曾经对1000名智力超常的儿童进行长达50年的追踪研究，结果发现，其中那些后来在事业上大有成就的人，其意志品质明显优于那些一事无成、默默无闻或成就平平的人，这些成功者有很强的进取心和自主性，有不屈不挠和坚持到底的精神，而无成就的那些人则多意志薄弱，常常由于被动、退缩、害怕失败或优柔寡断而失去成功的机会。在人的一生中，良好的意志品质是一笔巨大的财富。黎明前最黑暗，胜利前最渺茫，就是这些紧要关头决定了你是成功者还是失败者。

坚强意志的基本品质有很多，而其中最关键的是这几种：独立性、果断性、坚韧性和自制力。

### 1. 独立性

独立性是指一个人在行动中具有明确的目的，不屈从于周围人的压力，按照自己的信念、知识和行为方式进行行动的品质。它反映了一个人的坚定立场和信念，是高度发展的意志的特征。具有独立性的人，在行动中既不轻易受到外界影响，又不拒绝一切有益的意见。

与独立性相反的特征是受暗示性和独断性。受暗示性表现为一个人容易受别人影响，对别人的思想、行为不加分析地接受。独断性表现为一个人表面上似乎是独立地采取决定、执行决定，但实际上缺乏独立性，因为他不考虑自己决定的合理性，固执己见，拒绝考虑别人的任何批评、劝告和有益的建议。

2．果断性

这是一种明辨是非，迅速、合理地采取决定，并实现所做决定的品质。具有果断性的人能全面而深刻地考虑行动的目的和方法，懂得所做决定的重要性。因此，在矛盾斗争时能当机立断，在行动时能敢作敢为，在不需要立即行动或情况发生变化时又能立即停止已做出的决定。

优柔寡断和草率决定是果断性的对立面。优柔寡断的人的主要特征是思想和情感分散，没有力量克服矛盾的思想和情感，不能把思想和情感引到明确的轨道。在做出决定时，对如何行事动摇不定、犹豫不决，一直处于矛盾斗争状态。在执行决定时，不能坚决执行，常常要重新审查已经做出的决定。而草率决定往往是由于缺乏思考而轻举妄动，不考虑主、客观条件，不考虑计划实施的可能性，也不考虑后果，贸然根据目的进行行动。

3．坚韧性

这是一个人能长期保持充沛的精力，战胜各种困难，不屈不挠地向既定的目的前进的品质。具有坚韧性的人，一方面善于克服各种不符合目的的主、客观环境干扰，另一方面善于长期地维持与目的相符合的行动，坚持到底，毫不懈怠。

与坚韧性相对立的是见异思迁、虎头蛇尾。具有这些特征的人不能坚持既定的目的，一遇到困难就可能放弃或改变决定，缺乏坚韧的毅力，不能有始有终。同时，执拗也是与坚韧性不相容的。执拗的人只承认自己的意见和论据，并以此拟定计划并付诸行动，不接受别人的正确的意见，不能灵活对待变化的情境，而是一意孤行。

4. 自制力

这是指能够自觉地、灵活地控制自己的情绪和动机，约束自己的行动和言语方面的品质。具有自制力的人，能够克服懒惰、恐惧、愤怒和失望等消极情绪的干扰，并且善于使自己做不合自己意愿但又必须做的事情，执行已经确定的目的和计划。

和自制力相反的表现是任性、懦弱。任性的人，不顾事情的发展态势，只愿意服从自己的惰性，顺应自己的需求，而不顾目标能否达成。

做“稻草人、木头人”游戏，先设想在一块稻田里，有一只麻雀、许多稻草人，还有一些木头人。

**游戏规则：**在班级中先推选出一名同学做“麻雀”，靠近一面墙壁站好，不能动，其他同学站到教室的另外一侧。当“麻雀”面朝墙壁数“1、2、3”时，其他同学可以向他移动。当“麻雀”数完后说“稻草人”时，其他同学就必须马上保持“稻草人”的姿势不动（稻草人的姿势是：双手在两侧伸平，单腿独立）。如果“麻雀”数完后说的是“木头人”，则其他同学必须马上保持“木头人”的姿势不动（木头人的姿势是：双手下垂，单腿独立）。

“麻雀”可以让同学们保持某个姿势，并坚持一定的时间，如果在“麻雀”下次数数前有人没有保持住“麻雀”所说的姿势的话，这个人就被淘汰出局了。如果有人在“麻雀”说“稻草人”时做出了“木头人”的姿势，或者相反，

这个人也会被淘汰出局。

第一个被淘汰出局的同学，就是下一轮“麻雀”的担当者。（也可以采用其他的规则产生下一位“麻雀”）

游戏结束之后，同学们回到原位或者围成一圈坐好，讨论以下问题。

1. 没有保持住“麻雀”所说的姿势的原因是什么？

______________________________

______________________________

2. 请姿势保持得好的同学讲一下他（她）是如何保持的？

______________________________

______________________________

3. 在生活中，你遇到过类似的情境吗？你是如何控制自己的？

______________________________

______________________________

4. 在其他同学的分享中，他们谈到的经验让你学到了什么？

______________________________

______________________________

## 如何培养良好的意志品质

**1. 要培养良好的意志品质，必须克服不良的心态。**

心态是意志的原动力，心态的水平决定了意志能力。积极的心态可以促使人的行动果敢自如、迅猛有力、得心应手，还可以使人精力充沛、奋发向上、善始善终。相反，消极的心态会极大地削弱、冻结甚至伤害人的意志，不良的心态会令人的意志力下降，使人不思进取、萎靡不振、心灰意冷、临阵惊慌、半途而废。所以，要想具有良好的意志品质和坚强的意志力，必须克服不良的心态。

**2. 要培养良好的意志品质，需要战胜惰性。**

克服惰性最重要的是在心理上要敢于正视事实，而不是否认、回避事实。许多同学总喜欢为自己的惰性找借口，以维持心理平衡，而惰性就是在这些所谓的合理借口下滋生并发展的。要想战胜惰性，需要在行动中约束和规范自己：注重行动，从日常的小事做起；在力所能及的范围内多给自己增加压力，并努力完成；不原谅自己的偷懒，不给自己找借口，力争当天的事当天完成；想到就做，勇于承担后果；养成规律的行为习惯，改变环境，请同伴帮忙监督，制订日程安排表等，经常利用生活习惯和各种可能性强化自己的意志行为，逐步改变自己的惰性。

**3. 要培养良好的意志品质，还需要提高决断能力。**

决断能力的提高，重点在于注意培养自己独立、果断的个性，试着从小事做起，看准了就下决心去做，逐步养成良好的品格。要明白任何人的成长都要付出代价，任何选择都伴随得与失，因此，不能因为怕有得失而不敢做出选择；要不断充实自己的知识体系，学会深思熟虑，科学地认识和处理问题，最大限度地保证自己决策的成功；要树立信心，增强勇气，丢掉自卑感。

**4. 要培养良好的意志品质，还需要培养恒心。**

培养恒心，一定要有明确的目标。有了明确的目标，就会有许多动力和勇气。此外，还必须不断培养自己对某事的兴趣，并善于从中寻找乐趣，这样可以极大地调动自己的积极性。

柔软的水可以滴穿石板。弱小的人，精力集中于一点，也会迸发出强大的力量。成功往往在于坚持一下的努力之中。“贵有恒何必三更睡五更起，

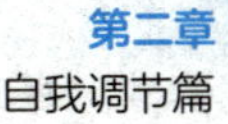

最无益只怕一日曝十日寒。”当你似乎已经走到山穷水尽的绝境的时候，你离成功也许仅有一步之遥了。问题在于，你将以怎样的心态面对人生的逆境。

## 每天成功一点点

1．在你的经历中，你意志最坚定的时候是________________________

________________________________________________

________________________________________________

2．当时你使用的磨炼意志的方法是____________________________

________________________________________________

________________________________________________

# 第四节　沟通你我他
## ——人际交往能力的提高

### 暖风与冷风

我是一名高二的学生，不知道什么原因，我总是和别人相处不好，跟同宿舍里的人关系不好，班级里的其他同学也不喜欢我。好像从刚刚分班的时候，我就觉得他们开始针对我了。我觉得我对他们很好，每次他们有什么困难或者缺什么的时候，我一般都能主动伸出援手，可为什么当我需要帮助的时候，就没有人肯这样对待我呢？

这是一位同学的来信，我相信很多同学都会有这样的困惑。

法国作家拉·封丹写过这样一则寓言故事：暖风与冷风比赛，看谁能先让路人脱衣服。冷风为了能让路人脱去厚重的棉袄，就使劲儿地吹，没想到，冷风越是用尽全力地吹，路人就越是紧紧地用衣服裹住自己。暖风和冷风完全相反，轻轻地吹拂着，行人觉得暖意融融，越走越热，进而解开了衣服的钮扣，最终不知不觉脱去了厚重的棉衣。暖风战胜了冷风。

美国成功心理学家戴尔·卡耐基说：一个人的成功，15% 取决于你的专业知识，85% 则取决于你的社交能力。只有掌握了与人交往的技巧，你才能拥有一个好人缘，在通往成功的道路上，你才能左右逢源，如鱼得水！

## 处理人际关系的基本原则

人际关系虽然是一种错综复杂的社会现象，但其存在和发展是有规律可循的。

处理人际关系所涉及的主要原则有九项。

**1. 择善原则。**指建立和发展人际关系时，不能盲目从事，而要有所选择地进行。不仅要“择其善者而从之，择其不善者而弃之”，而且要“两害相权取其轻，两利相权则取其重”。善者，是指对社会、对他人、对自己无害或有益的人及其关系。在建立和发展人际关系时，首先要考虑自己与交往对象之间的相互需要是否有益于社会和他人。如果是有益的，就采取积极态度；如果是有害的，就要坚决放弃。

**2. 调衡原则。**指协调平衡各种关系，使之不相互冲突与干扰。一个人的精力和时间是有限的，建立人际关系的目的是为了满足需要，不能过多或不足。过多则忙于人际交往，影响自己履行岗位职责，不足则会使自己陷于孤独苦闷，导致信息闭塞、孤立无援，减少了施展能力的机会与范围。

**3. 积极原则。**指在人际交往中要主动，态度要热情，即待之以礼，晓之以理。主动表现在文明礼貌的语言中，表现在热情的交往态度上。热情胜过任何暴力行为，更容易改变别人的心意，没有热情，人际关系就会变得冷漠，暗淡无光。

**4. 真诚原则。**真诚是做人的基本要求，也是人际交往的基本原则，要以诚待人。信息反馈原理告诉我们，有良好的信息输出，才能有良好的信息反馈，实现人与人之间的心理交融。真诚是一种传统美德，“精诚所至，金石为开”“良药苦口，唯病者能甘之；忠言逆耳，唯违者能受之”“心诚则灵”，这些都是对真诚及其作用的高度评价。

**5. 理解原则。**主要是指关系双方在人际行为中互相设身处地地为对方着想，互相同情，互相谅解。只有相互理解，才能心心相通，才有同情、关心和友爱。“人之相识，贵在相知；人之相知，贵在知心。”关系主体双方要互相了解对方的理想、抱负、人格等情况，了解彼此之间的权利、义务、需要和行为方式，要相互体谅，互相包涵，不斤斤计较、吹毛求疵，要善于“心理换位”，这样一来，不管在平常的交往中，还是在发生矛盾、产生冲突时，都能妥善处理。

**6. 守信原则。**就是在人际关系中讲求信用、遵守诺言。守信乃处事立世之本，要“言必信”，说真话，说话要算数，“行必果”，遵守诺言，实践诺言。在交往中，不要轻易许诺，这是守信的重要保证。要严守对方的秘密，不炫耀和披露大家不知道的隐私，也不要依据自己的臆想来推测对方如何如何。

**7. 平等原则。**指尊重他人的自尊心和感情，不干涉他人的私生活。像对待朋友那样，平等地对待交往对象，寻求相互认识、相互理解的方法，关心、体谅、理解对方。平等体现在政治平等、法律平等、经济平等和人格平等等方面。

**8. 相容原则。**相容，即宽容，是指宽宏大量、心胸宽广、不计小过、容人之短、有忍耐性。相容不是随波逐流，不讲原则，而是把原则性与灵活性有机结合起来，以便更好地达到自己的长远目标。要有谦让精神，做到有理也让人；要将心比心，“己所不欲，勿施于人”；要大事清楚，小事糊涂；要严于律己，宽以待人。

**9. 适度原则。**在人际交往中的一切行为都要得体，合乎分寸，恰到好处。这是人际交往中最重要的一个原则，是唯物辩证法关于质、量、度的观点在人际关系中的具体体现。过与不及，皆为不妥。

## 一、倾听小游戏：商店打烊后

请你先不要翻看后面的内容，听完故事后，完成下面的习题。

1. 根据故事，判断表格中 12 句话的描述是正确的、错误的，还是无法确定的，并且在相应的方框内打钩。

2. 请你不要做过多思考，根据记忆迅速进行判断。

3. 答题结束后，相邻的同学或者小组内的同学可以进行讨论，最终确定自己的答案。

| 题号 | 习题 | 正确 | 错误 | 不确定 |
|---|---|---|---|---|
| 1 | 店主将店堂内的灯关掉后，一男子到达。 | | | |
| 2 | 抢劫者是一男子。 | | | |
| 3 | 来的那个男子没有索要钱款。 | | | |
| 4 | 打开收银机的那个男子是店主。 | | | |
| 5 | 店主倒出收银机里的东西后逃离。 | | | |
| 6 | 故事中提到了收银机，但没说里面具体有多少钱。 | | | |
| 7 | 抢劫者向店主索要钱款。 | | | |
| 8 | 索要钱款的男子倒出收银机里的东西后，急忙离开。 | | | |
| 9 | 抢劫者打开了收银机。 | | | |
| 10 | 店堂灯关掉后，一个男子来了。 | | | |
| 11 | 抢劫者没有把钱款随身带走。 | | | |
| 12 | 故事中总共涉及三个人物：店主、一个索要钱款的男子，以及一位警察。 | | | |

## 二、故事呈现，并请你在阅读后重新进行判断

### 商店打烊后

**某商人刚关上店里的灯，一男子来到店堂并索要钱款，店主打开收银机，收银机里的东西被倒了出来，而那个男子逃走了，一位警察很快接到报案。**

仔细阅读下列有关故事的提问，并在“对”“不对”或“不知道”中做出选择。

| 问题 | 正确 | 错误 | 不知道 |
|---|---|---|---|
| 1. 店主将店堂内的灯关掉后，一男子到达。 | T | F | ? |
| 2. 抢劫者是一男子。 | T | F | ? |
| 3. 来的那个男子没有索要钱款。 | T | F | ? |
| 4. 打开收银机的那个男子是店主。 | T | F | ? |
| 5. 店主倒出收银机里的东西后逃离。 | T | F | ? |
| 6. 故事中提到了收银机，但没说里面具体有多少钱。 | T | F | ? |
| 7. 抢劫者向店主索要钱款。 | T | F | ? |
| 8. 索要钱款的男子倒出收银机里的东西后，急忙离开。 | T | F | ? |
| 9. 抢劫者打开了收银机。 | T | F | ? |
| 10. 店堂灯关掉后，一个男子来了。 | T | F | ? |
| 11. 抢劫者没有把钱款随身带走。 | T | F | ? |
| 12. 故事中总共涉及三个人物：店主、一个索要钱款的男子，以及一位警察。 | T | F | ? |

## 三、答案揭晓

1. ？（商人不等于店主）

2. ?（不确定，索要钱款不一定是抢劫）

3. F

4. ?（店主不一定是男的）

5. ?

6. T

7. ?

8. ?

9. F

10. T

11. ?

12. ?

## 四、活动反思与体验

1. 在这 12 道题目中，你判断对了几道？

______________________________

2. 想一想，你判断错误的原因是不是因为自己先入为主？

______________________________

3. 这样的情况在现实生活中是否也曾发生过？如果有，是什么事情？

______________________________

______________________________

______________________________

4. 通过今天的活动，你觉得在人际交往的过程中，需要注意哪些因素？

______________________________

______________________________

______________________________

## 每天成功一点点

1．在班级里，跟你关系最好的同学是____________________

2．你跟他（她）相处的时候，心情是____________________

3．回忆你与他（她）交往的过程，其中最令你开心的事情是__________

________________________________________

________________________________________

________________________________________

# 第五节 考而不死是为神——考试焦虑调节

## 考而不死是为神

老 舍

考试制度是一切制度里最好的，它能把人支使得不像人了，而把脑子严格地分成若干小块块。一块装历史，一块装化学，一块……

比如早半天考代数，下午考历史，在午饭的前后你得把脑子放在两个抽屉里，中间连一点缝子也没有才行。设若你把X＋Y和一八二八弄到一处，或者找唐朝的指数，你的分数恐怕是要在二十上下。你要晓得，状元得来个一百分呀。得这么着：上午，你的一切得是代数，仿佛连你是黄帝的子孙，和姓字名谁，全根本不晓得。你就像刚由方程式里钻出来，全身的血脉都是X和Y。赶到刚一交卷，你立刻成了历史，向来没听说过代数是什么。亚力山大、秦始皇等就是你的爱人，连他们的生日是某年某月某时都知道。代数与历史千万别联宗，也别默想二者的有无关系，你是赴考呀，赴考的期间你别自居为人，你是个会吐代数、吐历史的机器。

这样考下去，你把各样功课都吐个不大离，好了，你可以现原形了；睡上一天一夜，醒来一切茫然，代数历史化学诸般武艺通通忘掉，你这才想起“妹妹我爱你”。这是种蛇脱皮的工作，旧皮脱尽才能自由；不然，你这条蛇不曾得到文凭，就是你爱妹妹，妹妹也不爱你，准的。

最难的是考作文。在化学与物理中间，忽然叫你“人生于世”。你的脑子本来已分成若干小块，分得四四方方，清清楚楚，忽然来了个没有准地方的东西，东扑扑个空，西扑扑个空，除了出汗没有合适的办法。你的心已冷两三天，忽然叫你拿出情绪作用，要痛快淋漓，慷慨激昂，假如题目是“爱国论”，或“天下兴亡匹夫有责”；你的心要是不跳吧，笔下便无血无泪；跳吧，下午还考物理呢。把定律们都跳出去，或是跳个乱七八糟，爱国是爱了，而定律一乱则没有人替你整理，怎办？幸而不是爱国论，是山中消夏记，心无须跳了。可是，得有诗意呀。仿佛考完代数你更文雅了似的！假如你能逃出这一关去，你便大有希望了，够分不够的，反正你死不了了。被“人生于世”憋死，不是什么稀罕的事。

说回去，考试制度还是最好的制度。被考死的自然无须用提。假若考而不死，你放胆活下去吧，这已明明告诉你，你是十世童男转生。

经过了十几年读书、考试的你，如果成“神”，固然是好的，可是我们的周围也不乏这样的人：一想到考试就要来临，就出现心跳加快、呼吸急促、头痛、胸闷、恶心、出冷汗、手脚冰冷、腹痛、腹泻等一系列症状。

这些同学表现出来的就是考试焦虑症。焦虑是对考试的一种担忧与逃避，这种矛盾的心理只不过是引起情绪焦虑的诱因，我们要干预的是这种焦虑情绪，而不是复杂的内心冲突。

在日常生活中，对于大多数人而言，适度的焦虑是有助于提高学习与工作效率的。而我们这里所说的考试焦虑指的是过敏性考试焦虑，即对考试焦虑的程度高于正常范围，影响学生发挥原有的知识水平，导致考试失败。

引起考试焦虑的原因有很多，动机过强是其中之一。根据耶克斯—多德森定律我们知道，动机与学习成绩之间呈倒“U”形曲线关系，即过强的动机会引起高度焦虑和紧张，从而影响考试时的状态。很多人都觉得动机过强是引起考试焦虑的原因，但事实上，高焦虑也是可以引发高动机的。

## 一、改变不合理观念

### 1．改变错误的信念

认为付出就一定会有回报，所以总是渴望在努力过后会有收获，可是希望越大失望越大，失望过后的消极情绪又会令自己对自己的评价过低，这样恶性循环，只会让自己陷入更糟糕的境地。意识到这一点以后，不妨试着这样想：“有回报是因为有过付出，但付出不当就会回报不当。”

### 2．改变错误的归因方法

考试失败后，很多同学都认为，自己的成绩总是不好，是自己努力的程度不够，所以对考试总是没有信心。这时我们需要做的是能够了解自己失

败的原因。要相信，只要自己能够控制好这种害怕失败的焦虑情绪，压力自然就不会像以前那么大，考试时也就不会产生这样那样的情绪问题了。

## 二、调整的具体步骤

### 1．元认知监控，调节情绪

平时在学习时注意留意自己的情绪变化，一旦发现自己的情绪过度焦虑时，就做深呼吸，用肌肉放松的方法让自己快速平静下来。这样时间长了，就会建立起稳固的条件反射，而起到监督、指导、调控作用的元认知也会习惯性地出来干预自己的错误认知，并对自己的消极情绪进行调整与控制。

### 2．建立情绪的良性循环

以往的过敏性焦虑是产生考试焦虑的关键，因此，要尽可能地控制并利用这个情绪环节。之所以要控制它，是因为这种焦虑情绪超出了正常范围，影响到了考试状态和最终结果。但我们并不能完全消除它，因为这不可能，也没有必要，只要能让它朝着好的方向运行，就会对考试有利。

用元认知监控认知和情绪，改变不合理的循环，建立合理而良好的循环，最终将程序化的知识达到自动化的程度。

**如下图所示：**

学习外语或外语考试（C1）——过度紧张焦虑（A1）

过度紧张（C2）——被意识到（A2）

意识到（C3）——调节情绪（A3）

调节情绪（C4）——情绪恢复平稳（A4）

### 3．做适当的运动

为了避免生活枯燥、学习压力过大，我们可以选择做适量的运动，通过肌肉上的紧绷与放松，适当降低我们的焦虑情绪。而在户外运动的过程中，沿途的美景也会转移我们的注意力，让大脑得到适当的休息，从而让我们以很轻松的情绪状态投入到学习过程中。

## 一、体验游戏：大风吹，小风吹

### （一）游戏规则

所有同学围成一个大的圆圈，主持人站在圆圈中间。

主持人发出“游戏开始”的指令后，全体同学开始沿着大圈顺时针走动。

主持人发出口令：“大风吹。”

全体同学大声问主持人：“吹什么？”

主持人可以就同学中的某个特征回答，如说：“吹所有穿红衣服的同学！”这时，其余的同学停下来，而其中所有穿红衣服的同学必须迅速地相互交换位置。如果没有交换成功或者又回到了原地，则视为在游戏中挑战失败，就请挑战失败的同学表演节目。

如果主持人发出的口令是：“小风吹。”

全体同学仍旧需要大声问主持人：“吹什么？”

主持人回答了这个问题后，全体同学需要按主持人的意思反着进行，如主持人说“吹所有穿红衣服的同学”，那么，所有没有穿红衣服的同学都要迅速地相互交换位置。如果没有交换成功，则视为在游戏中挑战失败，就请挑战失败的同学为大家表演节目。

### （二）采访环节

1. 选几位没有交换成功的同学，问题是：当你在准备听主持人的口令的时候，你的感觉是什么？为什么？

2. 再选几位从没有交换不成功的同学，问题是：在听到主持人的口令之前，你的感觉是什么？

3. 面对类似的可能会让人产生紧张、焦虑情绪的情境的时候，你的感觉是怎样的？你又是怎么应对的？

______________________________

______________________________

______________________________

## 二、冥想放松训练

把教室的光线调到柔和状态，排除一切干扰和噪音，并播放一些舒缓、优美的音乐作为背景，认真倾听冥想放松指导语，让我们试着放下压力，体验放松的感觉。

**请你在座位上找一个让自己感到舒服的姿势坐好。我们要稍微停一下，以便让你找好位置。**

**把你的双脚分开，与肩同宽，双臂可以轻轻地放在身体两侧，保持放松。现在，请闭上你的双眼，倾听我的声音。当你听到我的声音时，你将体验到一种美妙而放松的感觉，你会发现全身的肌肉都将完全地放松。去感受你的呼吸，但不要刻意用力呼吸，只要感觉到你的呼吸变得缓慢而深沉即可。在你吸气的时候，气会被带到腹部下方，并且在你每次吸气时，你的小腹会微微鼓起。在呼气时，你会将所有的气完全呼出，同时将自己的烦恼也一起呼出。你感到全身非常沉重，一直沉到地板里去了，并且越陷越深。你感到很平静，而在你慢慢地呼吸时，通过吸气、呼气、吸气、呼气，你的全身感到非常沉重、非常放松，所有的紧张和压力都随着你脖子后面肌肉的放松而消失了，并延伸到脊椎下方，整个胸部的肌肉也放松了，你的全身已经放松了。你的手臂和双手感到非常沉重，松软地摆在两旁，而你的双脚延伸到你的脚掌，也开始感到非常沉重，非常放松，你的全身正渐渐地往下沉，越沉越深，全身感到温暖而放松。在你下沉的时候放松吧，越来越放松，让我们放松地倾听自然美妙的声响。**

想象你现在站在一个充满阳光的海滩上，在这里，每件东西都沉浸在阳光里，在你的面前就是一望无际的大海，碧蓝色的海水温柔而沉静。在湛蓝的天空中，太阳洒下柔和的光芒，你看到远处有白色的海鸥在飞翔，它们的歌声和海浪声一起组成了自然的合唱，空气中充满了温暖的阳光。你可以听见海水在你脚边冲刷海岸的声音，一切是那么美好、安详而又充满生气，你就像是自然的一部分。当你在海滩上漫步时，你感觉到细小、金黄的沙粒从你的脚趾间穿过，你甚至能闻到湿润的空气中有股淡淡的海咸味。你慢慢地沿着海滩走向一处宁静的海港，你来到了这个港湾，阳光在海面上闪闪发光，你整个人都融入了自然，感到自己很平静、很安详。在海湾的一角，海水清澈见底，暂停一下，看看海水中你的清晰的倒影吧。在你的心中升起一股暖流，你的脸上浮现出微笑，因为你现在已经抛开了学习的压力，你已经不再被压得喘不过气来，你现在是充分自由的、健康的，可以尽情地享受这美好的阳光、沙滩、海浪。尽管你会在生活中遭遇阻碍，却再也没有外来的力量可以掌控你，除非你将掌控权交给它们。现在，把自己的心灵想象成一个充满阳光的海滩，而你正在这个美丽的海滩上漫步……漫步……漫步，享受着宁静与充实。

现在，你要离开你的沙滩，温暖的阳光、金黄的沙滩、湛蓝的大海，都在你的背后慢慢淡化，你回到自己的座位上来。现在开始慢慢恢复你的意识，观察你的呼吸，注意到在你休息的时候，你的呼吸变得多么平静和缓慢。现在开始有意识地去呼吸，让每一次吸气延长一点、加深一点。当你呼气时，你会感受到充沛的精力散布在你的全身。现在，我们要开始活动一下你的脚掌和脚趾头，将你的头从一边转向另一边，并张开你的双眼，眨眨眼睛来适应光线。伸展你的身体，双手高举超过头部，伸展，伸展，用力地伸展。呼气，开口用力呼出所有的气。这是新的一天，慢慢让自己坐起来，感受平静、祥和还深深地留在你的身体里面，海景会一直留在你的心里。

冥想放松结束。

请你分享放松过程中的感受。

______________________________________________

______________________________________________

______________________________________________

______________________________________________

______________________________________________

______________________________________________

在以后的学习、生活中，当焦虑、紧张袭来时，请你试着用这种冥想放松的方式来调整自己。

## 心理显微镜

如果你想了解自己是否有考试焦虑情绪，以及这种焦虑的程度如何，是否严重到了影响自己的考试成绩和神经功能的地步，请你做一做下面这个测验。测验时间最好能安排在一次较重要的考试刚结束之后。

**说明：**下面有33道题，每道题都有四个备选答案，请你根据自己的实际情况，在题目后面的括号里填入相应字母，每题只能选一个答案。

1. 在重要的考试前几天，我就坐立不安了。（　　）

   A. 很符合自己的情况　B. 较符合自己的情况

   C. 较不符合自己的情况　D. 很不符合自己的情况

2. 每当临近考试时，我就会拉肚子。（　　）

   A. 很符合自己的情况　B. 较符合自己的情况

   C. 较不符合自己的情况　D. 很不符合自己的情况

3. 一想到考试即将来临，我的身体就会发僵。（　　）

   A. 很符合自己的情况　B. 较符合自己的情况

C. 较不符合自己的情况　D. 很不符合自己的情况

4. 在考试前，我总感到苦恼。（　　）

A. 很符合自己的情况　　B. 较符合自己的情况

C. 较不符合自己的情况　D. 很不符合自己的情况

5. 在考试前，我感到烦恼，脾气变坏。（　　）

A. 很符合自己的情况　　B. 较符合自己的情况

C. 较不符合自己的情况　D. 很不符合自己的情况

6. 在紧张的复习期间，我常常会想到："这次考试要是得的分数太低怎么办？"（　　）

A. 很符合自己的情况　　B. 较符合自己的情况

C. 较不符合自己的情况　D. 很不符合自己的情况

7. 越临近考试，我的注意力越难集中。（　　）

A. 很符合自己的情况　　B. 较符合自己的情况

C. 较不符合自己的情况　D. 很不符合自己的情况

8. 一想到马上就要考试了，参加任何文娱活动我都感到没劲。（　　）

A. 很符合自己的情况　　B. 较符合自己的情况

C. 较不符合自己的情况　D. 很不符合自己的情况

9. 在考试前，我总是预感这次考试将要考糟。（　　）

A. 很符合自己的情况　　B. 较符合自己的情况

C. 较不符合自己的情况　D. 很不符合自己的情况

10. 在考试前，我常做关于考试的梦。（　　）

A. 很符合自己的情况　　B. 较符合自己的情况

C. 较不符合自己的情况　D. 很不符合自己的情况

11. 一到考试那天，我就会变得非常不安。（　　）

A. 很符合自己的情况　　B. 较符合自己的情况

C. 较不符合自己的情况　D. 很不符合自己的情况

12. 当听到考试开始的铃声响起时，我的心马上紧张得急跳起来。(　　)

A. 很符合自己的情况　B. 较符合自己的情况

C. 较不符合自己的情况　D. 很不符合自己的情况

13. 一遇到重要的考试，我的脑子就变得比平时迟钝。(　　)

A. 很符合自己的情况　B. 较符合自己的情况

C. 较不符合自己的情况　D. 很不符合自己的情况

14. 考试题目越多、越难，我越会感到不安。(　　)

A. 很符合自己的情况　B. 较符合自己的情况

C. 较不符合自己的情况　D. 很不符合自己的情况

15. 在考试中，我的手会变得冰凉。(　　)

A. 很符合自己的情况　B. 较符合自己的情况

C. 较不符合自己的情况　D. 很不符合自己的情况

16. 在考试时，我感到十分紧张。(　　)

A. 很符合自己的情况　B. 较符合自己的情况

C. 较不符合自己的情况　D. 很不符合自己的情况

17. 一遇到很难的考试，我就担心自己会不及格。(　　)

A. 很符合自己的情况　B. 较符合自己的情况

C. 较不符合自己的情况　D. 很不符合自己的情况

18. 在紧张的考试中，我却会想些与考试无关的事情，注意力集中不起来。(　　)

A. 很符合自己的情况　B. 较符合自己的情况

C. 较不符合自己的情况　D. 很不符合自己的情况

19. 在考试时，我会紧张得连平时记得滚瓜烂熟的知识也回忆不起来。(　　)

A. 很符合自己的情况　B. 较符合自己的情况

C. 较不符合自己的情况　D. 很不符合自己的情况

20. 在考试中，我会沉浸在空想之中，一时忘了自己是在考试。（　　）

A. 很符合自己的情况　　B. 较符合自己的情况

C. 较不符合自己的情况　D. 很不符合自己的情况

21. 在考试中，我想上厕所的次数比平时多些。（　　）

A. 很符合自己的情况　　B. 较符合自己的情况

C. 较不符合自己的情况　D. 很不符合自己的情况

22. 在考试中，即使不热，我也会浑身出汗。（　　）

A. 很符合自己的情况　　B. 较符合自己的情况

C. 较不符合自己的情况　D. 很不符合自己的情况

23. 在考试时，我紧张得手发僵，写字不流畅。（　　）

A. 很符合自己的情况　　B. 较符合自己的情况

C. 较不符合自己的情况　D. 很不符合自己的情况

24. 考试时，我经常会看错题目。（　　）

A. 很符合自己的情况　　B. 较符合自己的情况

C. 较不符合自己的情况　D. 很不符合自己的情况

25. 每当进行重要的考试时，我就会觉得头痛。（　　）

A. 很符合自己的情况　　B. 较符合自己的情况

C. 较不符合自己的情况　D. 很不符合自己的情况

26. 每当发现剩下的时间来不及做完全部考题，我就急得手足无措，浑身是汗。（　　）

A. 很符合自己的情况　　B. 较符合自己的情况

C. 较不符合自己的情况　D. 很不符合自己的情况

27. 如果我考的分数不高，家长或老师会严厉地指责我。（　　）

A. 很符合自己的情况　　B. 较符合自己的情况

C. 较不符合自己的情况　D. 很不符合自己的情况

28. 在考试结束后，如果发现自己会做的题没有做对时，我就十分

生自己的气。（ ）

A. 很符合自己的情况　B. 较符合自己的情况
C. 较不符合自己的情况　D. 很不符合自己的情况

29. 有几次在重要的考试之后，我腹泻了。（ ）

A. 很符合自己的情况　B. 较符合自己的情况
C. 较不符合自己的情况　D. 很不符合自己的情况

30. 我对考试十分厌烦。（ ）

A. 很符合自己的情况　B. 较符合自己的情况
C. 较不符合自己的情况　D. 很不符合自己的情况

31. 如果考试不记成绩，我就会喜欢考试。（ ）

A. 很符合自己的情况　B. 较符合自己的情况
C. 较不符合自己的情况　D. 很不符合自己的情况

32. 考试不应当像现在这样紧张。（ ）

A. 很符合自己的情况　B. 较符合自己的情况
C. 较不符合自己的情况　D. 很不符合自己的情况

33. 如果不考试，我能学到更多的知识。（ ）

A. 很符合自己的情况　B. 较符合自己的情况
C. 较不符合自己的情况　D. 很不符合自己的情况

计分与评价：

统计你所选各个字母的次数，每选一个A得3分，选B得2分，选C得1分，选D得0分。然后用下面的公式计算出你的总得分：

总得分 =3× 选 A 的次数 +2× 选 B 的次数 + 选 C 的次数

根据你的总得分，对照下面的评价表，就可以知道你的考试焦虑水平。

## 评 价 表

| 总 分 | 焦虑状况 |
|---|---|
| 0 ~ 24 分 | 镇定 |
| 25 ~ 49 分 | 轻度焦虑 |
| 50 ~ 74 分 | 中度焦虑 |
| 75 ~ 99 分 | 重度焦虑 |

### 每天成功一点点

1．回忆过去参加过的考试，你觉得最成功的一次是________________

2．那时你的感觉是________________________________________________

____________________________________________________________

____________________________________________________________

（请在以后的考试中回忆这一次的成功经历）

# 第三章

## 自我提高篇

每个人生下来就具有智能发展的可能性和潜力，如果再加上适当的训练，就会使自己的智能得到充分的提高。作为学生最为关注的学习能力，只要我们能够根据科学的方法，遵循一定的规律，也会得到极大的提高，从而为我们的成功奠定智力的基础。

# 第一节　注意力——打开心灵的门户

## 左手画方，右手画圆

你看过金庸的武侠小说《射雕英雄传》吗？“双手互搏”是《射雕英雄传》里“老顽童”周伯通无聊的时候，自己跟自己打架创造出来的。“双手互搏”的要诀在于“分心二用”，其基本功是“左手画方，右手画圆”。练熟了之后，便进展为左右两手同时打出不同的招式。

但在现实中，有多少人能真的做出这样的动作呢？在两千年前，韩非子便说：“右手画圆，左手画方，不能两成。”他是第一个否定这种行为的人。而北宋书法家、诗人黄庭坚倒是同意“双手互搏”的可能存在，其诗《宫亭湖》有语：“左手作圆右作方，世人机敏便可尔。”意思是说左手画圆，右手画方，成此事之人必然极为机敏聪明。但奇怪的是，我们的靖哥哥可是一个并不聪明的人。

周伯通说：左右互搏之术，说难是难到极处，说容易也容易之至，有的人一辈子都学不会，有的人只需几天便会了。我教了郭靖兄弟，他只用几天功夫便学会了。但他转教他的婆娘，你别瞧黄蓉这女孩儿玲珑剔透，一颗心儿上生了十七八个窍，可是这门功夫她便始终学不会……好像越是聪明，越是不成。其实这左右互搏之技，关键诀窍全在“分心二用”四字。凡是聪明智慧的人，心思繁复，一件事没想完，第二件事又涌上心头……这等人要他学那左右互搏的功夫，便是要杀他的头也学不会的……只因周伯通、郭靖、小龙女均是淳厚质朴、心无杂念之人，如黄蓉、杨过、朱子柳等人，那就说什么也学不会了。

## 心海导航

在人们的生活、学习和工作中，注意力起着非常重要的作用。有位专家说，注意力是学习的窗口，没有它，知识的阳光就照射不进来。

对学生的学习来说，注意力是否集中也是至关重要的。有经验的教师在总结教学经验时，都知道学生学习成绩不理想可能与注意力不稳定、不集中以及分配不合理有关。有人做过这样的实验：在注意力高度集中时背课文，只需要读 9 遍就能达到背诵的程度，而同样的课文，在注意力涣散时，竟然要读 100 遍才能记住。可见，注意力与人的学习效率和工作效率有着非常密切的关系。因此，有的专家说，哪里有注意，哪里才会有思考和记忆。可以说，注意力是认识和智力活动的门户。

实验和教学实践表明，学习成绩好的学生与学习成绩差的学生之间明显

的差别之一就是注意力是否集中。学习成绩好的学生能集中注意力听讲，独立思考问题，认真做作业，在学习时很少受外界干扰，即使有时老师的课讲得并不那么生动，他们也能自我约束，有意识地集中注意力，不让自己开小差。许多学习成绩差的同学恰恰相反，他们注意力涣散，不能全神贯注地听讲，时而做小动作，时而与同学交头接耳，有时貌似在听课，实则思想早已离开课堂，开了小差。他们读书时也一样定不下心来，做作业东抄西看，有的甚至在上课或复习课时没有精神，打起了瞌睡。试问，这些同学怎么能够把学习搞好呢？

许多专家和有经验的教师都认为，在同一个年龄段，同一个班级的学生里，常常会有学习成绩差别很大的两个极端，而产生差别的原因，除了学习动机、学习态度及学习方法等因素外，一个很重要的因素就是注意力。

### 1．舒尔特方格：集中注意力的训练

这里给大家介绍一种在心理学中用来锻炼注意力的小游戏。在一张有25个小方格的表中，将1～25这些数字打乱顺序，分别填写在小方格里面，然后以最快的速度从1数到25，要边读边指出相应的数字，同时计时。

| | | | | |
|---|---|---|---|---|
| 8 | 6 | 11 | 19 | 3 |
| 1 | 14 | 25 | 22 | 16 |
| 17 | 23 | 21 | 7 | 13 |
| 12 | 2 | 24 | 9 | 4 |
| 10 | 20 | 5 | 15 | 18 |

研究表明：7 ~ 8 岁儿童所需用时是 30 ~ 50 秒，平均 40 ~ 42 秒；正常成年人所需用时大约是 25 ~ 30 秒，有些人可以缩短到十几秒。你可以自己多制作几张这样的训练表，每天训练一遍，相信你的注意力水平一定会逐步提高。

**2. 听报数字训练**

老师报数字，学生听完后立即将数字报出来。

（1）6 位数：452389，756436，267522，423791

（2）7 位数：2984348，6845971，2875634，8925674

（3）8 位数：38462175，52768429，29851673，48926871

## 心灵加油站

一名高二女生因无法集中注意力而导致上课不能专心听讲、学习成绩下降。她在写给心理辅导室老师的咨询信中说："我原来在县普通高中上学，高一第二学期转到百色高中。在县普通高中时，我的学习成绩总是排在前几名，谁知到了百色高中就差得远了，根本跟不上。后来我拼命学，到升高二时排到班级二十多名。高二分班，我被分到 B 班。我对此也没怎么在乎，学习好坏不在于这些。可这一段时间是我最烦的时候了，我也不知道是什么原因，上课听老师讲课时总是走神儿，听着听着就忘了老师讲了些什么内容。到了课下也不想学习，即使坐在那里也是做别的事情。我曾查找过自己为什么会这样，但是找不出原因。我害怕考试考不好，对不起父母。我总是不能安下心来学习，成绩一直下降，所以不得不求助于您了。"

许多学生有类似于这位女同学的苦恼，越是想学习的时候，越是无法集中注意力，头脑被一些莫明其妙的怪念头占据着，无法摆脱掉。有时候，脑子里又一片空白，上课老走神儿，不知道老师都讲了些什么。这种情况长久出现的话，必将影响学习效率和学习成绩。

保持良好的注意力，是大脑进行感知、记忆、思维等认识活动的基本条件。在学习过程中，注意力是打开我们心灵的门户，而且是唯一的门户。门开得越大，我们学到的东西就越多。而一旦注意力涣散或无法集中时，心灵的门户就关闭了，一切有用的知识和信息都无法进入。正因为如此，法国生物学家乔治·居维叶说："天才，首先是注意力。"

在正常情况下，注意力使我们的心理活动朝向某一事物，有选择地接受某些信息，而抑制其他活动和信息，并集中全部的心理能量用于所指向的事物。因此，良好的注意力会提高我们的工作效率和学习效率。

注意力障碍，主要表现为无法将心理活动指向某一具体事物，或无法将全部精力集中到这一事物上来，同时无法抑制对无关事物的注意。造成这种情况的原因比较复杂，许多较严重的心理障碍都可以引起注意力障碍。而对于学生来说，主要是由于学习负担重、心理压力过大造成高度的紧张和焦虑，从而导致注意力无法集中的障碍。另外，睡眠不足、大脑得不到充分休息时，也可能出现注意力涣散的情况。

因此，当你因注意力无法集中而影响学习并感到苦恼时，不妨采用以下方法来矫治。

### 1. 养成良好的睡眠习惯

有的同学因学习负担重，贪黑熬夜，甚至在宿舍打着手电筒读书，一直学到深夜；有的同学不能按时睡眠，在宿舍和同学闲聊等，结果早晨不能按时起床，即便勉强起来，头脑也是昏昏沉沉的，一整天都打不起精神。作为学生，主要的学习任务要在白天完成，白天无精打采，学习效率必然低下。所以，如果你是"夜猫子"，奉劝你学学"百灵鸟"，按时睡觉，按时起床，养足精神，提高白天的学习效率。

### 2. 学会自我减压

高中生的学习任务本来就很重，老师、家长的期望又给同学们的心理负担加上了一道砝码。一些同学对成绩、考试等看得很重，这无异于自己给自己加压，必然会使自己不堪重负，变得疲惫、紧张和烦躁，心理上难得片刻宁静。因此，我们要学会自我减压，别把成绩的好坏看得太重。一分耕耘，一分收获，只要我们平时努力了，付出了，必然会有好的回报，又何必让忧虑占据心头，自寻烦恼呢？

### 3．做些放松训练

舒适地坐在椅子上或躺在床上，然后向身体的各个部位传递休息的信息。先从左脚开始，使脚部肌肉绷紧，然后放松，同时暗示它休息，随后命令脚脖子、小腿、膝盖、大腿，一直到躯干都休息，之后，再从右脚到躯干，然后从左右手放松到躯干。这时，再从躯干开始到颈部、头部、脸部，全部放松。这种放松训练的技术，需要反复练习才能较好地掌握，而一旦掌握了这种技术，你就可以在短短的几分钟内，达到轻松、平静的状态。

## 每天成功一点点

找出下列每组中与其他数字、字母不一样的部分，用圆圈把它们圈起来，并记录下来。

（1）PPPPPPPPPBPPBPPPBPPPPPBPPPPBPPPPPPBPPPPP，PPP 共（　　）个。

（2）5555655556556555565555655656565555565555655556555，655 共（　　）个。

（3）333833383333833383883333833333833333833333833383333833，833 共（　　）个。

（4）77771777717771777717771777177771777717777177717771，777 共（　　）个。

（5）444474444474444744474444744447444474444744447444447，444 共（　　）个。

（6）99998999899998999899998999998999989999899998999989，999 共（　　）个。

# 第二节　记忆——有“法”可依

## 生命在于记忆

在马尔克斯的小说《百年孤独》里，一场瘟疫让马贡多的村民患上了失忆症。瘟疫的症状是逐步发展的，他们首先失去的是对童年往事的回忆，然后忘记各种事物的名称和用途以及别人的身份，最终“甚至连自己活着的意识”也给忘了。村里有个银匠叫霍塞·阿卡迪奥·布恩地亚，他经常使用的工具之一是砧子，但想不起用“砧子”这个名称来称呼这种工具。他惊恐万状，于是发疯似的给家里的每样物品贴上标签，这种做法似乎很成功，于是他要给全村每样东西都贴上标签。

他给动物和植物都贴上了标签：牛、羊、猪、鸡、木薯、海芋、香蕉。考虑到记忆丧失的无穷可能性，他渐渐认识到，终有一天，虽然他们可以通过标签认出这些东西是什么，但谁也想不起每样东西的用途。因此，标签要写得更加详细：这是母牛，每天早晨必须要给它挤奶，它才能产奶；牛奶必须在煮开后加入咖啡，才能配制牛奶咖啡……

小说以戏剧化的方式描绘了一个没有记忆的世界，甚至连最亲密的朋友和家人之间都相互觉得陌生，作为沟通工具的各种符号失去了意义，社会赖以存在的各项活动无法执行，连他们自己的身份和自我意识也荡然无存。对此，一家记忆诊疗所的主人向他的患者告诫说：“生命就在于记忆。”

心理学家认为：记忆是人脑对经历过的事物的反映。一般可以分为“记”和“忆”两个过程。记，就是识记和保持的过程。忆，就是回忆和再认识的过程。所以，记忆实际上包括如下四个过程。

识记：识别和记住事物的特征和联系，是大脑皮层形成相应的、暂时的神经联系的过程。

保持：暂时联系的痕迹还在脑中保留，表现为巩固已获得的知识经验的过程。

回忆：事物不在当前时能够回想起来。

再认：事物重新呈现时能够再认识。

信息论专家从信息的角度来理解，认为记忆是储存知识经验的有效方式，是信息的接收—编码—储存—提取的过程。这里的接收、编码相当于识记，储存相当于保持，提取相当于回忆和再认。所谓的记忆力，就是人脑对信息的识记、保持、回忆和再认的能力。

根据记忆时间的长短，记忆可以分为三种：瞬时记忆、短时记忆和长时记忆。

## 一、人是怎样记住东西的

大量的研究证明，当客观事物作用于感觉器官（眼、耳、口、鼻、舌、皮肤）时，感觉器官就会把客观事物给人的各种物理的、机械的、化学的刺激，转化为神经兴奋，并由神经系统把这些神经兴奋传递到大脑皮层，构成暂时的神经联系。这些暂时的神经联系在客观刺激停止以后，能够以神经兴奋“痕迹”的形式留存在大脑中，形成记忆的痕迹。在一定的条件下，这些记忆的痕迹能够重新活跃起来。这就是记忆的基本原理。

记忆的痕迹又是靠什么形成的？进一步的研究表明，人的记忆是由人的神经细胞内核糖核酸（RNA）分子结构实现的，RNA 可以储存大量的信息资料，人的知识经验就储存在这些 RNA 分子的结构里。人的神经细胞是由蛋白质和锌、镁、钙、铁、磷等微量元素构成的，这些元素是记忆力产生必不可少的物质基础。

## 二、记忆的重要性

在一些原始部落中，部族的酋长和巫师为何拥有至高无上的权力，并被奉为最有智慧的人？这是因为他们能够牢记祖先传授给他们的各种知识和处世箴言。历史上，一些有名的政治家、科学家、商业家大多都具有惊人的记忆力。

记忆是学习和做学问的基础，也是掌握和运用知识的基本途径。它包括储存知识的能力和把储存在大脑里的知识再现出来的能力。记忆力的好坏与否，直接关系到学习效率的高低。

经过长时间的实践和科学家的不懈探索，人们总结出许多提高人类记忆能力的规律和方法。

提高记忆力，首先要对抗遗忘。德国心理学家艾宾浩斯总结出人类遗忘的规律是——先快后慢。也就是说，在人类接收到大脑的信息中，刚开始的时候忘记的速度最快，之后遗忘的速度就慢慢降低。因此，人们总结出对抗遗忘的最有效的办法就是及时复习。艾宾浩斯将这一规律用一条曲线表示出来，这就是有名的艾宾浩斯遗忘曲线。

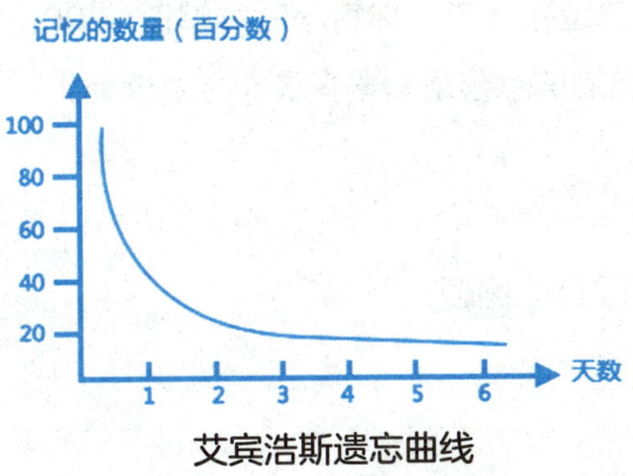


艾宾浩斯遗忘曲线

## 三、什么是遗忘

对学习过的知识不能回忆或再认，称为遗忘。遗忘的原因是什么呢？或因自然衰退，或因干扰造成。干扰分为前摄抑制和倒摄抑制。前摄抑制就是先前学习过的材料对后学习的材料的干扰，而倒摄抑制正好相反。

系列位置效应是干扰对记忆效果造成影响的明显例子。系列位置效应就是记忆材料在系列位置中所处的位置对记忆效果发生的影响。实验证实，如果给记忆者读一遍 18 个互相无任何联系、难度一致的单词让记忆者回忆时，系列两头比系列中间的材料记忆的效果好。系列开头比中间的材料记忆的效果好叫作首因效应，系列末尾比系列中间的材料记忆的效果好叫作近因效应。

所以，当记忆的材料比较长时，要想快速地记住所学材料，最有效的策略和方法就是循环渐进，强化中间的内容。

## 一、算一算

1. 人的大脑有140~170亿个神经细胞，如果把这神经细胞的功能全部发挥出来，能够储存10的15次方比特（bit，信息的单位）的信息。假定一个汉字按2个信息单位来计算，你每小时能够读10000个汉字，每天读8个小时，一个人大脑的信息容量需要多少年才能读完?

2. 这个例子说明了什么问题?

## 二、议一议

1. 有人认为现在的计算机功能很强大，另外还有照相机、录音机、电视机等高科技产品，因此，记忆能力对人类的作用已经不如以前那样重要了。如国际商业机器公司（IBM）的超级电脑就战胜过人类最顶尖的国际象棋大师，对这个问题，你怎么看?

2. 如果一个人只能够记住10秒以内的东西或者能够记住所经历的一切事物，他的生活可能会出现怎样的状况?请你举例子来说一说。

## 三、试一试

青少年在学习过程中需要记忆大量不同类型的材料，有的材料甚至是非常枯燥和琐碎的，这时就必须灵活运用各种记忆策略来对记忆的材料进行组织。请你看看下面这几位同学采取的记忆方法（策略）。

1. 王丽是个健忘的人，所以她将学习过的东西分门别类地记在本子上，每周都将知识点复习一下，到期末一整理，门门功课都积累了一大本，考试前将它们分门别类地整理复习，效果还真不错。

王丽采用的记忆方法（策略）是 ________________________________

2. 周军喜欢数理化，最怕那些需要死记硬背的知识了。一次，他看到一种有趣的记忆方法，自己也尝试了一下，还动员他的朋友一起实验。例如，富士山的高度是 12365 英尺，他就将富士山的高度记忆为“一年英尺”，果然记得很牢固。

周军采用的记忆方法（策略）是 ________________________________

3. 李明娟和同学比赛背诵一篇比较长的英语课文，她背得又快又好。同学们向她请教背诵的秘诀。她的方法就是先背 A，再背 B，再背 A 和 B；然后背 A、B、C；再背 D，再累加 B、C、D；最后 A、B、C、D 一起完成，所以赢了比赛。

李明娟采用的记忆方法（策略）是 ______________________________

诸如此类，你还能根据不同的情况总结出哪些记忆方法（或策略）？请你写在下面。

________________________________________________________________

________________________________________________________________

________________________________________________________________

## 每天成功一点点

1. 语文老师给阅读小组的同学布置了一个任务，要求大家记住《红楼梦》中所描写的贾府中男性人物之间的关系：贾政、贾环、贾兰、贾琏、贾赦、贾珍、贾蓉、贾敷、贾菌、贾蔷。请你给他们设计一个好的记忆方法，既要记得快，又要记得准确。

2. 请你将我国农历中的 24 个节气编成一首诗并很快地记住。

3. 用下面给出的词语编一个故事，看谁用的字数最少，编的故事最符合逻辑（所有提供的词语都必须用到）。

庙　栗子　美国总统　雨　傻笑　乞丐　船

# 第三节 创造力——成功的源泉

## 成功需要创造力

纵观历史，中国古代的四大发明的确伟大。但是，为什么 15 世纪后，西方国家的技术发展突飞猛进，而中国始终徘徊不前？

思维是地球上最美的花朵。世界上的许多事物单靠观察是认识不清的，要靠思维，靠对事物的概括和间接的反映才能深刻认识。

有资料显示，我国的技术发明专利数量只相当于日本、美国的 1/30，韩国的 1/4。据 2003 年 10 月 30 日世界经济论坛公布的全球科技创新竞争力排名显示，排在前四名的国家分别是芬兰、美国、瑞典、丹麦，日本排第 11 位，德国排第 13 位，韩国排第 18 位，而中国排第 44 位。

形势逼人，不进则退。

创新是一个民族进步的灵魂，是一个国家兴旺发达的不竭动力。

我们不能落后，我们不能挨打，我们要进步，我们要创新。

现在，我们就开始进行创造力的训练。

## 一、创造力的层次

美国心理学家泰勒根据产品的新颖独特性和价值大小的不同，将创造力从低到高分为五个层次。

1. **表达式创造力。**这种能力以自由和兴致为基础，因情境而产生，随兴致而感发。表达式创造力在儿童和青少年身上表现得尤为突出，儿童的涂鸦画就是这种层次的创造活动。

2. **生产式创造力。**这种创造力以模仿和应用技术原理为基础，解决特殊与实际的问题，生产完善的产品，具有技术性、实用性、精致性、效率性、完善性等特点。

3. **发明式创造力。**这种创造力表现为用新眼光看待旧问题，以取长补短的方法创造出更简便、经济、有效、实用的新产品。小说的创作、卡通片的制作以及一般的技术更新和发明都是发明式创造力的产物。

4. **革新式创造力。**这种创造力表现为对已有理论、产品的创新和添加新内容、新意义。

5. **高深的创造力。**这是最高境界的创造力，只有少数专家才具有这种创造力。依靠高深的创造力，可以处理复杂的资料，可以形成崭新的原理、原则或有系统的新学说。

## 二、国际上主要的创造力测验

### 1. 南加利福尼亚大学发散性思维测验

美国南加利福尼亚大学的吉尔福德和他的同事编制了一套发散性思维测验。测验的项目有语词流畅性、观念流畅性、联想流畅性、表达流畅性、非常用途、解释比喻、用途测验、故事命题、事件后果的估计、职业象征、组成对象、绘画、火柴问题、装饰。前10项要求言语反应，后4项则用图形内容反应。

该测验适用于中学水平以上的人，主要从流畅性、变通性和独特性记分。（有时也根据精细性记分）

如“组成对象”，是要求被试者用一些简单的图形（如圆形、长方形、三角形、梯形等）画出指定的事物。在画物体时，可以重复使用任何一个图形，也可以改变其大小，但不能添加其他图形或线条。

又如“火柴问题”，是要求被试者移动指定数目的火柴，形成特定数目的正方形或三角形。

我国心理学工作者对中国科技大学少年班的52名学生进行了发散性思维测试，并与普通班大学生（平均年龄比他们大3岁5个月）进行比较研究。结果发现，少年班的学生除了符号流畅性略低于普通班大学生外，其余各项指标都高于或显著地高于普通班大学生，尤其是在图形的发散能力和发散思维中的独创性因素方面有极显著的优势。

### 2. 托兰斯创造思维测验

美国明尼苏达大学的托兰斯等人编制了一个著名的创造力测验。该测验分为3套，共有12个分测验。为了减少被试者的心理压力，他们用“活动”一词代替“测验”一词，其中包括语词创造思维测验、图画创造思维测验、声音语词创造思维测验。

该测验根据4个标准评分：流利（中肯反应的数目）、灵活（由一种意义转到另一种意义的数目）、独特（反应的罕见性）和精密（反应的详细和特殊性）。被试者从整个测验中得到一个总的创造力指数，代表个体的创造性思维的水平。

该测验适用于从幼儿到研究生的文化水平，普遍采用集体测试的方法，对于小学四年级以下的学生，一般用个别口头测试。

### 3. 芝加哥大学创造力测验

美国芝加哥大学的心理学家盖泽尔斯和杰克逊等人根据吉尔福德的思想对青少年的创造力进行了深入的研究，编制了这套测验。这套测验包括五个项目：语词联想测验、用途测验、隐蔽图形测验、完成寓言测验和组成问题测验。

## 创造力训练

### 1. 词语接力

请小组内的几个同学用顶真的方式做词语接力的游戏，接得越快、越流畅越好。

例如：掌门人的人——人民的民——民主的主……

（可以是一个人自我接力，也可以是小组集体一人一词语的接力）

### 2. 故事接力

请小组内的几个同学用轮流的方式做故事发生情景描述的接力游戏，接得越快、越新奇、越有感染力、越流畅越好。

### 3. 奇怪的等式

请小组内的同学发挥创造力和想象力，找到等式成立的可能和事实。

4 - 3 = 5

9 + 4 = 1

### 4. 给故事创作幽默的结尾

（1）一个人去看牙医，当他看到医生拿来的工具时，被吓坏了。为了使他安静下来，医生让他喝了一杯酒。喝完酒之后，病人感觉好多了，然后又要了一杯酒喝了下去。这时医生问他："这次有勇气了吧？"病人在这个时候却大声说……

病人究竟说了什么？请设计结尾。

（2）一位老先生在街上行走，看到一个小男孩在按门铃，但门铃太高了，他怎么也够不到。心地善良的老先生停下来对小孩说："我帮你按吧！"于是，他使劲地按门铃，整个房子的人都听到了门铃声。这个时候，小孩对老先生说……

小孩对老先生说了什么？请设计结尾。

## 创造力的构成要素

### 一、创造力的构成

#### 1. 独立性思维品质

（1）大胆而合理的怀疑。

（2）增加其不盲从于大多数人的抗压心理。

（3）培养不断否定自己的健康心理。

#### 2. 发散性思维品质

（1）流畅性。

（2）变通性。

（3）新颖性。

#### 3. 想象力的培养

（1）保持和发展好奇心。

（2）拓宽知识面。

## 二、创造型学生人格的一般特征

1. 具有浓厚的认知兴趣
2. 情感丰富、富有幽默感
3. 勇敢、甘愿冒险
4. 坚持不懈、百折不挠
5. 独立性强
6. 自信、勤奋、进取心强
7. 自我意识发展迅速
8. 一丝不苟

运用下列数字，通过四则运算分别求出得数 24，每个数字只能用一次。（每题限时 30 秒）

| | | |
|---|---|---|
| 3 3 3 3 =24 | 4 4 4 4 =24 | 5 5 5 5 =24 |
| 6 6 6 6 =24 | 9 9 7 3 =24 | 3 9 9 9 =24 |
| 2 5 2 10=24 | 4 10 4 1 =24 | 2 5 7 8 =24 |
| 3 5 7 3 =24 | 2 2 7 6 =24 | 1 5 5 1 =24 |
| 6 10 6 6 =24 | 9 9 10 6 =24 | |

# 第四节 学习风格——适合自己的就是最好的

## 方法问题

第一个伐木工人砍树，他围着树的一圈砍，树就倒了。这就叫找到了砍树的方法。

第二个伐木工人砍树，他只在树的某一边砍，然后走到另一边轻轻一推，树就倒了。他用的力气少，时间少，因为他只在一边砍，这就叫好的方法。

第三个伐木工人砍树，他也只在树的某一边砍，但他一动不动地砍，最后树倒了，却倒向了他，他被树砸死了，这就是陷入了误区。

生活中，我们做任何事都需要讲究方法，好的方法很重要。对待学习更是如此，掌握一定的学习方法，形成良好的学习风格，我们才能快乐学习。

## 学习风格的认知要素

学习风格的认知要素实质上是一个人的认知风格在学习中的体现。所谓认知风格，也称认知方式，指个体偏爱的信息加工方式，表现在个体对外界信息的感知、注意、思维、记忆和解决问题的方式上。每个学生在各种认知风格中都有自己的倾向性，无好坏之分。

### 1. 场独立性和场依存性

场独立性与场依存性是两种普遍存在的认知方式。场独立性者对客观事物做判断时，倾向于利用自己内部的参照，不易受外来因素的影响和干扰，在认知方面独立于周围的背景，倾向于在更抽象和分析的水平上加工，独立对事物做出判断。场依存性者对物体的知觉倾向于以外部参照作为信息加工的依据，难以摆脱环境因素的影响。他们的态度和自我知觉更易受周围的人，特别是权威人士的影响和干扰，善于察言观色，注意并记忆言语信息中的社会内容。

场独立性、场依存性与学生的学习有着密切的关系。研究表明，场独立性学生一般偏爱自然科学、数学，且成绩较好，他们的学习动机往往以内在动机为主。场依存性学生一般较偏爱社会科学，他们的学习更多地依赖外在反馈，他们对人比对物更感兴趣。场独立性者善于运用分析的知觉方式，而场依存性者则偏爱非分析的、笼统的或整体的知觉方式，他们难以从复杂的情境中区分事物的若干要素或组成部分。

此外，场独立性与场依存性学生对教学方法也有不同偏好。场独立性学生易于给无结构的材料提供结构，比较易于适应结构不严密的教学方法。反

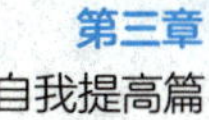

之，场依存性学生喜欢有严密结构的教学，因为他们需要教师提供外来结构，需要教师的明确指导与讲解。

### 2. 沉思型和冲动型

沉思与冲动的认知方式反映了个体加工信息、形成假设和解决问题过程的速度和准确性。沉思型学生在碰到问题时倾向于深思熟虑，用充足的时间考虑、审视问题，权衡解决问题的各种方法，然后从中选择一个满足多种条件的最佳方案，因而错误较少。而冲动型学生倾向于很快地检验假设，根据问题的部分信息或未对问题做透彻的分析就仓促做出决定，反应速度较快，但容易发生错误。

研究发现，沉思型的学生与冲动型的学生相比，表现出具有更成熟的解决问题策略，更多地提出不同的假设，他们能够较好地约束自己的动作行为，忍受延迟性满足，比冲动型的学生更能抗拒诱惑。此外，沉思型的学生往往更容易自发地或在外界要求下对自己的解答做出解释，而冲动型的学生则很难做到，即使在外界要求下必须做出解释时，他们的回答也往往是不周全、不合逻辑的。

在学习方面，一般来说，沉思型的学生在完成需要对细节做分析的学习任务时成绩好些，而冲动型的学生在完成需要做整体性解释的学习任务时成绩要好些。

## 学习风格测试

学习风格是指个人在学习过程中的学习偏好，也就是达成有效学习的习惯性反应倾向。

下面有12个问题，每个问题都有A、B、C、D四个答案选项。每一个选项都无所谓对与错，只是反映了你的学习偏好与倾向。请你尽量以近期（两周内）的学习情况为依据，按照每个答案选项与你的实际情况相符合的程度进行打分。

具体的打分方法如下：①与你的情况最符合，打4分；②与你的情况比较符合，打3分；③与你的情况一般符合，打2分；④与你的情况基本不符合，打1分。

1. 我在学习过程中（　　）。

A. 喜欢调动自己的情感体验　　B. 喜欢思考

C. 喜欢在做中学　　D. 喜欢看和听

2. 我感觉什么时候学习效果最好。（　　）

A. 认真聆听并观察的时候　　B. 借助逻辑思考的时候

C. 相信自己的预感和体验的时候　　D. 努力将事情做完的时候

3. 我在学习过程中（　　）。

A. 喜欢推理　　B. 认真负责

C. 安静而沉稳　　D. 有强烈的情感反应

4. 我采用什么方式学习。（　　）

A. 情感体验　　B. 实践

C. 观察　　D. 思考

5. 我在学习的时候（　　）。

A. 对新的体验、新的经历采取开放的态度　B. 会多方位地观察问题

C. 喜欢分析事物，将整体分解成各部分　　D. 喜欢试验

6. 我在学习的时候（　　）。

A. 乐于观察　　B. 积极活跃

C. 看重直觉　　D. 偏重逻辑思维

7. 通过什么途径我会学得更好。(　　)

A. 观察　　B. 人际间互动

C. 合理的理论　　D. 有机会试验和实践

8. 我学习的时候(　　)。

A. 喜欢看到自己的学习成效　　B. 喜欢理念和理论

C. 倾向行动前做好充足的准备　　D. 喜欢全身心投入学习

9. 什么时候我学得最好。(　　)

A. 依赖观察时　　B. 凭借感觉时

C. 已尝试做时　　D. 思考时

10. 我在学习中是个(　　)。

A. 心静、含蓄的人　　B. 乐于接受的人

C. 负责的人　　D. 理性的人

11. 我学习时(　　)。

A. 乐于投入其中　　B. 喜欢观察

C. 喜欢对事情做出评价　　D. 乐于积极行动

12. 什么时候我可以得到最理想的学习效果。(　　)

A. 进行思考、分析时　　B. 乐于接受、思想开放时

C. 认真仔细时　　D. 学以致用时

**计分与说明:**

(1)单独题目上给分：依据与自己的实际情况相符合的程度，给每个题目中的 4 个选项分别给出分数，12 个题目是一样的。

(2)所有题目的同一个问项分数相加后得到一个总分(说明：一共有 12 个题目，12 个 A 选项上分数相加；12 个 B 选项上分数相加；12 个 C 选项上分数相加；12 个 D 选项上分数相加，共得到四个总分)。

(3)然后依据四个总分的高低进行排序，排序结果就能反映出哪一种

学习风格占优势。

**解释：**总共得到四个总分，分别表示学习经验模式中的四个阶段。

（1）具体经验：以个人的感受获得实际经验。

（2）省思观察：分析不同的观点，并进行价值判断。

（3）抽象概念：回顾和反思自己的经历，把感性认识上升到理性认识，建构一种理论或模型，对自己发现的某些现象和问题进行解释。

（4）主动实验：在新的情境中对自己的理论假设进行检验，实际检验自己的理论的合理性、可靠性。

以四个阶段尺度为基础，可将学习风格分布至四象限中，即分散型、同化型、聚合型及适应型。

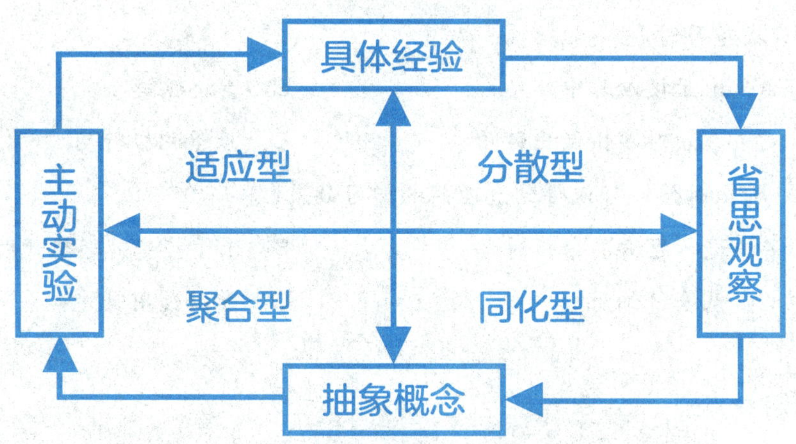


**分散型：**喜好省思观察与具体经验，有较强的想象力和创意，擅长脑力激荡，由于多观察少行动，需以图像或整体观念来帮助学习，喜欢开放式的作业及自我判断的活动，不喜欢互动学习。

**同化型：**喜好省思观察与抽象概念，具有归纳推理并建立理论架构的能力，能够同化完全不同的发现，而提出一个完整的解释，偏好确定方向的学习，但较缺少对人、事、物实际的价值判断。

**聚合型：**喜好主动实验与抽象概念，擅长问题的解决，通过假设和演绎推论的方式来获得知识，相信单一答案、普遍知识及实际的价值，故重视专家式的学习及结构好的知识。

**适应型：**喜好主动实验与具体经验，喜欢实际地完成计划或任务，以获得新的经验，较喜欢冒险，最常用直觉和错误尝试的方式来处理问题，容易适应新环境，不需要架构或权威，较需要互动学习。

## 一、给不同学习风格者的学习建议

**1．视觉型的学习者。**善于通过接受视觉刺激进行学习，通过观察所学到的，往往比从交谈、聆听或者运动中学到的东西多，并会记得更牢；喜欢阅读，而且能够比较容易地从书本上吸收知识。

**学习技巧：**

（1）使用书签、随意贴、笔记等视觉明显物品来强化记忆。

（2）使用组织性图像的方式（　　）如表格或画简图（　　）来记笔记。

（3）在回答短文式的问答题时，能够写下或画出大纲。

**注意事项：**要避开一些容易受干扰的地方（如教室前排、窗户与门、与课程无关的布告栏或地图前等）。

**2．听觉型的学习者。**善于通过接受听觉刺激进行学习，喜欢通过讲授、讨论、听录音等口头语言的方式接受信息。这种类型的学生上课一般都能认真听讲，对于与别人讨论过的事情会有更深的理解和印象，并能保持长久的记忆。

**学习技巧：**

（1）用口述的方式复习功课。

（2）将重点内容录下来反复播放。

（3）用口语叙述课文中的插画、图表来增强记忆。

（4）在安静的地方读书。

**注意事项：**要避免音乐、电视、对话等的干扰；避免坐在靠近门窗等容易有杂音之处；座位安排要避开吵闹、爱喧哗的同学。

**3. 触觉型的学习者。**喜欢通过双手和整个身体运动进行学习，如通过做笔记、在课本上画线、亲自动手操作等来学习。这种类型的学生不喜欢老师整堂课的讲解和板书，也不擅长言语表达。在做事时，他们常常还没听清楚指令就开始做事情，在阅读或者学习时喜欢吃东西，长时间坐着不动会紧张，讲话时常做手势，在坐和站之间选择的话更愿意站着，在思考的时候总喜欢用踱步等方式四处活动，觉得这样思路会更清晰。

**学习技巧：**

（1）上课时要直接参与操作。

（2）读书或解决问题时可以加上身体上的活动。

（3）用现实生活的经验来连结新学的信息。

（4）用画组织图的方式来编码以增强记忆。

**注意事项：**要避免摘要冗长又复杂的指示；避免没有指示就开始工作；避免只用翻阅的方式来复习功课；避免长时间不间断地读书。

一个人的学习风格并不是单一的，常常是几种类型的混合，差别在于各部分的倾向性不同。在学习不同的知识时，这几种类型的表现也有所不同，需要在学习过程中灵活调整，采用最适合自己学习风格的方式，完成不同类型知识的学习。最有效的方式也往往不是依靠单一类型的风格去解决问题，而是需要综合利用各种风格，同时发扬好自己突出的、擅长的风格。

## 二、把握学习与记忆高效期

### 1．第一个高效期：清晨起床后

大脑经过一夜的休息，消除了前一天的疲劳，脑神经处于活动状态，没有新的记忆干扰，此刻的认知、记忆印象都会很清晰，学习一些难记忆而必须记忆的东西较为适宜，如语言、定律、事件等的记忆和储存。有时即使强记不住，大声念上几遍，记熟的可能性也强于其他时候。

### 2．第二个高效期：上午八点至十点

这个时期，体内肾上腺等激素分泌旺盛，精力充沛，大脑具有严谨而周密的思考能力、认知能力和处理能力，此刻是攻克难题的大好时机，应当把握战机，充分利用大脑兴奋来攻关。

### 3．第三个高效期：下午六点至八点

这个时期是用脑的最佳时期，可以利用这段时间来回顾、复习全天学过的东西，加深印象，分门别类，归纳整理。这个时期也是整理笔记的黄金时机。

### 4．第四个高效期：晚上入睡前一小时

利用这段时间来加深对所学知识的印象，特别是对一些难以记忆的东西加以复习，则不易遗忘。

## 三、通用高效学习技巧

### 1．第一步，树立正确学习目标

### 2．第二步，科学制订学习计划

（1）不能太高。

（2）不能太低。

（3）不能太死。

（4）不能太松。

（5）有长有短。

**3．第三步，认真执行学习计划**

（1）落实到天。

（2）贵在坚持。

（3）随时调整。

**4．第四步，合理安排学习时间**

（1）找到学习的巅峰期。

（2）合理利用空档时间。

（3）好心境可节约时间。

通过对本节内容的学习，你认为自己属于哪种学习风格？你准备在今后的学习中如何改进？

______________________________

______________________________

______________________________

______________________________

# 第五节 时间管理——效率才是王道

## 生命中的“大石块”

一天，时间管理专家为一群商学院的学生讲课。

他拿出一个一加仑的广口瓶放在面前的桌上，取出一堆拳头大小的石块，一块块地放进玻璃瓶里。直到石块高出瓶口，再也放不下了，他问道：“瓶子满了吗？”

所有学生回答道：“满了。”

时间管理专家伸手从桌下拿出一桶砾石，倒了一些进去，并敲击玻璃瓶壁，使砾石填满下面石块的间隙。“现在瓶子满了吗？”他第二次问道。

但这一次学生有些明白了。“可能还没有。”一位学生回答道。

“很好！”专家说。他伸手从桌下拿出一桶沙子，开始慢慢倒进玻璃瓶。沙子填满了石块和砾石的所有间隙。

他又一次问学生：“瓶子满了吗？”

“没满！”学生们大声说。

他再一次说：“很好。”

然后，他拿来一壶水，慢慢倒进玻璃瓶，直到水面

与瓶口平。他抬头看着学生，问道："这个例子说明什么？"

一个心急的学生举手发言："它告诉我们，无论你的时间表多么紧凑，如果你确实努力，你可以做更多的事！"

"不！"时间管理专家说，"那不是它真正的意思。这个例子告诉我们，如果你不是先放大石块，那么你就再也不能把其他东西放进瓶子里。什么是你生命中的大石块呢？你与爱人共度的时光，你的信仰，教育，梦想……切记，先去处理这些'大石块'，否则你一辈子什么都做不到。"

现在，请你试着问自己这个问题：你生命中的"大石块"到底是什么？然后，请把它们先放进你人生的瓶子。

## 心海导航

人生最宝贵的两项资产，一项是头脑，一项是时间。无论你做什么事情，即使不用脑子，也要花费时间。因此，管理时间的水平的高低，会决定你事业和生活的成败。

现在，我们已经进入了网络时代，新知识、新资讯瞬息万变，社会的变化也越来越快。可以说，在这个世界上，速度决定一切。

20 世纪时，大家都说人才是最宝贵的资源。到了 21 世纪，我们要做到的是让人才最有效率、最快速地发挥其潜能，从而超越竞争对手。在这个社会，谁能够在最短的时间内做比别人更多的事情，得到更多的资讯，谁就会更有优势。没有人有足够的时间，但是每一个人都有所有的时间。

不管你是亿万富翁还是平民百姓，不管你是男人还是女人，也不管你是学生还是已经走向社会，为自己的事业而奔波，每个人每一天都拥有24小时，1440分钟，而人与人之间的差别就在于如何度过、如何运用这1440分钟。在注重高效率的时代，有效的时间管理已经越来越重要，那就是你是否能够在相同的时间里取得比别人更高的成就。

**美国伯利恒钢铁公司的总经理舒瓦普在工作上遇到了棘手的问题：为什么公司里每个人看上去都非常忙，可做事情的效率却很低？于是，他找来一个管理顾问，帮助他分析和解决这个问题。这个管理顾问花了一段时间，天天观察这家公司的做事方法，最后给舒瓦普提了三条建议，并说："你可以先不付给我钱，你先根据我这三条建议做一段时间后，如果有成效，你再决定给我多少酬金。如果没有成效，你可以一分钱不给。"两个月以后，这个管理顾问收到了一张两万五千美元的支票。实践证明，这三条建议是非常有效的。**

这三条建议其实非常简单：（1）把每天要做的事列一份清单；（2）确定优先顺序，从最重要的事情做起；（3）每天都这么做。

做好时间管理，就是要分清工作任务的轻重缓急，对工作时间进行有效计划。很多人做事情从来不分先后，眉毛胡子一把抓，有十件事情需要做，你就把十件事情挨个儿做了，但在这十件事情里面，真正值得你做的，可能只有两三件，甚至只有一件。即便这十件事情都值得你做，但哪些事情应该先做，哪些事情可以后做，你是否考虑过？

1. 把今天要做的事情列一份清单。

（1）________________

（2）________________

（3）________________

（4）________________

（5）________________

（6）________________

（7）________________

（8）________________

（9）________________

（10）________________

2. 将以上十件事情按其重要性进行重新排序，并将其序号写在每一件事情的后面。

3. 把每天要做的事情按其重要性排序，再按先后顺序处理，并坚持下去。

## 时间银行

请你猜猜看：一个活到 72 岁的美国人是怎样花费他一生的时间的？

睡觉：　　　　工作：

个人卫生：　　　　吃饭：

旅行：　　　　排队：

学习：　　　　开会：

打电话：　　　　找东西：

其他：

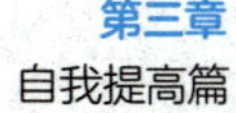

答案分别是：21 年、14 年、7 年、6 年、5 年、6 年、4 年、3 年、2 年、1 年、3 年。

看了以上数据，你有何感想？

# 第四章

## 自我规划篇

生命最宝贵之处，并不在于它的长度，而在于它的广度和深度。无论你的生命线是长是短，每一笔都由你来涂画。生命的广度和深度不是掌握在别人手里，它只有一个主人，那就是你自己。

# 第一节　我有我选择

## 海因茨偷药

意大利某城市有个名叫海因茨的人，他的妻子得了癌症，危在旦夕。

该市有个药剂师，研制了一种治癌特效药，配制这种药的成本只有200美元，但他要价极高，每剂要价2000美元。为了买到这剂药，海因茨变卖家产，并且到处借钱，但最终只凑得1000美元。

海因茨恳求药剂师说，他的妻子快要死了，能否将药便宜点卖给他，或者允许他赊账。

药剂师拒绝了他，并且说：“我研制这种药，正是为了赚钱。”

海因茨没有别的办法，于是在一个晚上潜入药剂师的仓库把药偷走了，结果被警察发现，警察把他抓进了警察局。

你觉得海因茨该不该偷药？为什么？

________________________________________

________________________________________

________________________________________

这个问题不以对与错为标准答案，而是让你从自己的回答中看到自己的价值观状态。

价值观是代表一个人对周围事物的是非、善恶和重要性的评价，它会影响我们在生活中的种种选择。社会是五彩缤纷的，社会中的每个人也各有各的追求。有的人看重金钱，有的人看重名利，每个人都有自己看重的东西，不论是具体的事物还是抽象的品质，都能够反映一个人的人生追求。

价值观是一种内心尺度，它贯穿人的一生，支配着人的行为、态度、信念、理解等，支配着人认识世界、明白事物对自己的意义和自我了解、自我定向、自我设计等，也为人自认为正当的行为提供充足的理由。

**价值观具有下列特性：**

（1）价值观是因人而异的。由于每个人的先天条件和后天成长环境不同，人生经历也不尽相同，每个人的价值观的形成会受到不同的影响。因此，每个人都有自己的价值观和价值观体系。在同样的客观条件下，具有不同价值观和价值观体系的人，其动机模式不同，产生的行为也不同。

（2）价值观是相对稳定的。价值观是人们思想认识的深层基础，它形成了人们的世界观和人生观。它是随着人们认知能力的发展，在环境、教育的影响下，逐步培养而成的。人们的价值观一旦形成，便是相对稳定的，具有持久性。

（3）价值观在特定的环境下又是可以改变的。由于环境的改变、经验的积累、知识的增长，人们的价值观有可能发生变化。

我们这里考察的职业价值观，在于探讨人们在职业选择和职业生活中，在众多的价值取向里，优先考虑哪种价值取向。

人的职业价值观可分为以下十三种类型，各类型的基本含义如下。

（1）利他主义：总是为他人着想，把直接为大众的幸福和利益尽一份力作为自己的追求。

（2）审美主义：能不断地追求美的东西，得到美的享受。

（3）智力刺激：不断进行智力开发、动脑思考，学习和探索新事物，解决新问题。

（4）成就动机：不断创新，不断取得成就，不断得到领导和同事的赞扬，或不断实现自己想要做的事。

（5）自主独立：能够充分发挥自己的独立性和主动性，按自己的方式、想法去做，不受他人干扰。

（6）社会地位：所从事的工作在人们的心目中有较高的社会地位，从而使自己得到他人的重视与尊敬。

（7）权力控制：获得对他人或某事的管理权，能指挥和调遣一定范围内的人或事物。

（8）经济报酬：获得优厚的报酬，使自己有足够的财力去获得自己想要的东西，使生活过得较为富足。

（9）社会交往：能和各种人交往，建立比较广泛的社会联系和关系，甚至能和知名人物结识。

（10）安全稳定：希望不管自己能力怎样，在工作中要有一个安稳的局面，不会因为奖金、加薪、调动工作或领导训斥等而经常提心吊胆、心烦意乱。

（11）轻松舒适：希望将工作作为一种消遣、休息或享受的形式，追求比较舒适、轻松、自由、优越的工作条件和环境。

（12）人际关系：希望一起工作的大多数同事和领导人品好，在一起相处感到愉快、自然。

（13）追求新意：希望工作的内容经常变换，使工作和生活显得丰富多彩，不单调枯燥。

## 模拟游戏：价值大拍卖

1. 全班同学按照“U”形坐好，中间空出足够大的活动空间。

2. 老师在黑板上张贴竞拍品的价值清单。

3. 老师分发给每位同学 10 张面值为 1000 元的卡片。

4. 游戏规则：老师是拍卖者，同学们是竞拍的人。老师会依次拍卖黑板上的每一样东西。现在，每一位同学手里有面值为 10000 元的卡片，请你通过举手来竞拍黑板上的每一样东西。每样东西底价 1000 元，每次加价也是 1000 元。最后，每样东西谁出的价格高，谁就拍到了这样东西。

5. 呈现竞拍品。

| | | | | |
|---|---|---|---|---|
| 公正公平 | 人道主义 | 被认同 | 个人成就 | 自由的生活 |
| 快乐 | 诚实 | 美满的家庭 | 经济能力 | 信用 |
| 权力 | 爱与被爱 | 追求美感 | 有吸引力的外表 | 智慧 |
| 健康的身体 | 良好的情绪 | 丰富的知识 | 舒适 | 稳定 |

6. 你拍得了什么？你为什么选择拍这样东西？

______________________________

______________________________

7. 你拍到的东西用掉你多少财富？

______________________________

8. 请你思考：在你的生命中，你最想要的到底是哪一样东西？

______________________________

9. 以你手里的“资产”，你愿意为之付出多少？为什么？

______________________________

10. 请你思考：是什么原因影响着你的选择？

## 登上塔顶的青蛙

一群青蛙无忧无虑地生活在池塘里，池塘边有一座很高的破塔，不知何年何月就矗立在那里了，风大的时候，还会左右晃动，看上去很危险。一天，青蛙们聚在一起，决定召开“比武大会”，选出谁是最勇敢的一只青蛙，比赛的办法就是看谁最先登上塔顶。

众青蛙勇士开始了登顶的冒险，其余的青蛙都蹲在塔下，抬头望着它们。

过了一个小时，下面的青蛙焦急地冲着它们喊：“天哪，快下来吧，爬得那么高，万一摔下来怎么办？”有一半的青蛙听了以后，低头向脚下看了看，顿时觉得头晕目眩，于是放弃了。而另外一半青蛙头也不回，继续往上爬。

又过了一个小时，刮起一阵风，破塔开始左晃右晃。下面的青蛙吓得大喊：“你们快下来吧，塔要倒了，你们会摔死的！”又有几十只青蛙回头看了看，决定放弃。剩下的青蛙仍然头也不回地继续往上爬。

又过了一个小时，下面的青蛙已经看得心惊肉跳，不断有青蛙大声哭喊：“大卫，我是你妈妈，求求你快下来吧！”“你们太不知天高地厚了，再往

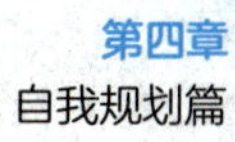

上爬会摔死的！”“快下来吧，就算到了塔顶，下不来，也会摔死的！”……于是一只又一只青蛙回头了，放弃了。

只有一只青蛙，从头到尾都没有回头，只是一步一步地往上爬。终于，它到达了塔顶，成为最勇敢的冠军。

当它回到地面上时，所有的青蛙都大声欢呼，庆祝它的胜利。有青蛙问它："是什么让你勇往直前，不怕危险？"也有青蛙问它："为什么那么大的声音阻止你，你仍然坚持登顶？"还有青蛙问它："你有什么获胜的秘诀？"它只是瞪大眼睛，沉默不答。

原来，它的耳朵聋了，它听不到任何声音。但正是因为听不到脚下的声音，它才可以心无旁骛地朝着自己的目标一步一步地接近胜利。

看了以上故事，想想在你的成长过程中，你生命中出现过的别人的声音有哪些？你自己的声音是什么？

________________________________________

________________________________________

________________________________________

________________________________________

# 第二节 目标成就未来

## 施瓦辛格的故事

施瓦辛格于1947年出生在奥地利的一个普通家庭里，父亲是一位警长。幼年的他个子高大，但体质不好。在父亲的引导下，他开始进行多种体育训练，以增强体质。很快，他就发现健美运动最适合他。18岁时，他就获得了欧洲少年健美冠军。后来，他应一位欧洲商人的邀请去美国游玩，决心定居“健身圣地”南加州，并接受训练。据说当时别的选手都不愿与他同时训练，因为他一进健身房，便全心投入、全神贯注，这种超人的意志令旁人感到震撼与敬畏。从此，他扬名全球健美界。从健美界退役后，施瓦辛格开始写健身方面的书籍，每一本书都畅销一时。

不少媒体报道，施瓦辛格18岁时许下三个心愿，即成为健美明星、电影明星和成功的商人。作为威斯康星大学的商科学士，他对“创富心理学”有相当深刻的研究。他刚到美国不久，就把自己积攒的钱财投资于看好的房地产业，购进贸易公司、煤矿、城市建筑等。在进入电影界之前，他就已经是房地产大亨了。

20世纪70年代，施瓦辛格来到美国好莱坞，决心向演艺圈发展。虽从未学过表演，但他在导演的教导下，学习各种技巧，并创造性地将健美中的造型与动作运用到表演中，很快被导演们认为适合拍惊险动作片。施瓦辛格起初的几部电影并不卖座，但他已获得最佳新人奖，后被年轻导演邀请拍《未来战士》而大红大紫，逐渐树立起荧屏英雄形象。但施瓦辛格并不安于现状，他认为只有不断进取，才有生活的乐趣，所以他不断尝试各种类型的角色，如喜剧人物、平凡人物等，后又从事制片、编导等幕后工作。

2003 年，施瓦辛格参加加州州长的竞选，并以响亮的名气、雄厚的财力、幽默而富有号召力的演讲风格被选为加州州长，走上了从政道路。当选州长后，他进行了一系列改革，解决了财政赤字和税收问题，取得了一系列显赫政绩。2004 年美国总统大选期间，他为同为共和党的布什连任立下了汗马功劳。一直有人猜测，这位银幕硬汉还将竞选美国总统。

施瓦辛格很早就确立了自己的目标，并一步一步努力，最终实现了自己的目标，取得了成功。

制订目标有一个“黄金准则”——SMART 原则。

1. Specific——明确性

所谓明确，就是要用具体的语言清楚地说明要达成的行为标准。明确的

目标几乎是所有成功团队的一致特点。很多团队不成功的重要原因之一，就是因为目标定得模棱两可，或没有将目标有效地传达给相关成员。

示例：目标——增强客户意识。这种对目标的描述就很不明确，因为增强客户意识有许多具体做法，如减少客户投诉，过去客户投诉率是3%，现在把它降低到1.5%或者1%。此外，提升服务的质量，使用规范礼貌的用语，采用规范的服务流程等，都属于增强客户意识的做法。

有这么多增强客户意识的做法，那么，“增强客户意识”到底指哪一方面？这个问题不明确就没有办法评判、衡量。所以建议这样修改，比如，我们将在月底前把前台收银的速度提升至正常的标准，这个正常的标准可能是两分钟，也可能是一分钟，或分时段来确定。

### 2. Measurable——衡量性

衡量性就是指目标应该是明确的，而不是模糊的，应该有一组明确的数据作为衡量是否达成目标的依据。如果制订的目标没有办法衡量，就无法判断这个目标是否实现。比如，领导有一天问“这个目标离实现大概有多远”，团队成员的回答是“我们早实现了”，这就是领导和下属对团队目标的衡量标准不同所产生的一种分歧。原因就在于没有给出一个定量的、可以衡量的分析数据。但并不是所有的目标都可以衡量，有时也会有例外，如大方向性质的目标就难以衡量。

比如，“为所有的老员工安排进一步的管理培训”。“进一步”是一个既不明确也不容易衡量的概念，到底指什么？是不是只要安排了这个培训，不管谁讲，也不管效果好坏，都叫“进一步”？

改进一下：准确地说，在什么时间完成对所有老员工关于某个主题的培训，并且在这个培训结束后，学员的评分在85分以上，低于85分就认为效果不理想，高于85分就是所期待的结果。这样，目标就变得可以衡量。

### 3. Acceptable——可接受性

目标是要能够被执行人所接受的，如果上司利用一些行政手段，或利用权力性的影响力一厢情愿地把自己所制订的目标强压给下属，下属典型的反应是一种心理和行为上的抗拒：我可以接受，但是否能完成这个目标，有没有最终的把握，这个可不好说。一旦有一天这个目标真完成不了的时候，下属有一百个理由可以推卸责任：你看我早就说了，这个目标肯定完成不了，但你坚持要压给我。

“控制式”的领导喜欢自己定目标，然后交给下属去完成，他们不在乎下属的意见和反应，这种做法越来越没有市场。今天，员工的知识层次、学历、员工自身的素质，以及他们主张的个性张扬的程度都远远超出从前。因此，领导者应该更多地吸纳下属来参与目标制订的过程，即使是团队整体的目标。

### 4. Realistic——实际性

目标的实际性是指制订的目标在现实条件下是否可行、可操作。可能有两种情形，一方面，领导者乐观地估计了当前形势，低估了达成目标所需要的条件，这些条件包括人力资源条件、硬件条件、技术条件、系统信息条件、团队环境因素等，以致下达了一个高于实际能力的指标。另一方面，领导者可能花了大量的时间、资源，甚至人力成本，最后确定的目标根本没有多大实际意义。

示例：一位餐厅经理定的目标是——早餐时段的销售额在上月早餐销售额的基础上提升15%。算一下就可以知道，这可能是一个几千块钱的概念，如果把它换成利润，就是一个相当低的数字。但为完成这个目标的投入要花费多少？这个投入比起利润要更高。

这就是一个不太实际的目标，原因就在于它花了大量的钱，最后还没有收回所投入的资本，它不是一个好目标。

有时候，实际性需要团队领导来衡量。因为有时可能领导说投入这么多钱，目的就是打败竞争对手，所以尽管获得的利润并没那么高，但打败竞争对手是主要目标。这种情形下的目标就是实际的。

5. Timed——时限性

目标特性的时限性就是指目标是有时间限制的。例如，我将在2017年5月31日之前完成某事，2017年5月31日就是一个确定的时间限制。没有时间限制的目标没有办法考核，或会带来考核的不公正。上下级之间对目标轻重缓急的认识程度不同，上司着急，但下面不知道。到头来上司暴跳如雷，而下属觉得委屈。这种没有明确的时间限定的方式也会带来考核的不公正，伤害工作关系，伤害下属的工作热情。

请你完成下面的选择题，并说明你选择的理由。

一个美国小伙子立志做一名优秀的商人，那么他在各个成长阶段的目标应该怎样选择?

1. 大学时所选的专业:（1）贸易；（2）管理；（3）机械。

2. 大学毕业后:（1）投入商海;（2）读经济学硕士;（3）读管理学硕士。

3. 接下来:（1）考公务员；（2）自己创业；（3）去大公司。

4. 五年后:（1）自己创业；（2）下海到大公司；（3）考取博士。

5. 再过两年:（1）自己创业；（2）升任通用部门经理；（3）跳槽到沃尔玛。

你的选择是______________________________

你的理由是______________________________

这个人就是身价为两亿美元的美国企业家比尔·拉福。

下面是小王的最高职业目标以及其目标阶段的分解。

最高目标：拥有自己的建筑设计公司，自己主持设计的建筑物能够成为一个地区的标志性建筑。

| 职业目标 | 在……以前 |
|---|---|
| 成立自己的建筑设计公司，承接大型建筑设计项目 | 2047 年 |
| 具有主持建筑设计项目的经验 | 2042 年 |
| 进入有名望的建筑设计公司 | 2037 年 |
| 进修建筑设计高级课程，积累建筑设计实践经验 | 2032 年 |
| 成为一名正式的建筑设计师 | 2027 年 |
| 进入职场，做一名建筑设计师助理 | 2022 年 |
| 考入一本大学，学习建筑设计专业知识 | 2018 年 |
| 认真准备高考，顺便收集有关建筑设计师的基本信息 | 高三前 |
| 努力学习各学科知识，找一本世界著名的建筑设计案例集阅读 | 下学期 |
| 考试中能保持在班级的中等水平 | 下个月期末考 |

这是一个标准的职业目标设定方案，那就是，在设定职业目标时，要注意确定时限，注意将目标具体明确，这样有助于你采取行动。

请你参考小王的例子，也为自己制订一套职业目标体系。

我最高的职业目标是______________________________

| 职业目标 | 在……以前 |
| --- | --- |
| | |
| | |
| | |
| | |
| | |
| | |
| | |
| | |
| | |
| | |

人生目标如朋友，可以帮助我们有计划地走出精彩人生；人生目标如航标，可以为我们指明努力的方向。一个人对自己过去的成长背景、现在所具备的资源条件，以及未来可能的发展方向有了相当的认知之后，再按照时间的先后次序和对个人的重要性，对它们予以妥善安排，能更快地实现自己的人生目标。

## 每天成功一点点

你如何通过自己的努力去改善可能对自己不利的处境？（结合上述中的一例）

______________________________

______________________________

______________________________

# 第三节 职业生涯访谈

## 人生需要规划

没有规划的人生叫拼图，有规划的人生叫蓝图；没有目标的人生叫流浪，有目标的人生叫航行！

蜜蜂忙碌一天，人见人爱；蚊子整日奔波，人人喊打！多么忙不重要，忙什么才重要！

一次重要的抉择胜过千百次的努力！今天的生活是由几年前的选择决定的，而几年后的生活由今天决定。

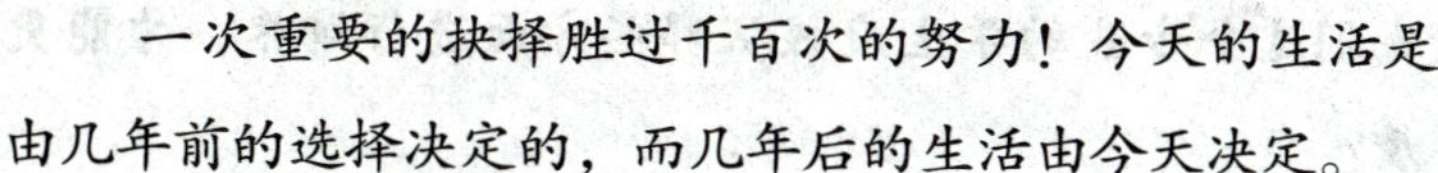

在你能接触到的人中，选择一位你感兴趣的职业的从业者，跟他（她）进行深入的沟通，就职业发展前景、从业者的特质或者其他你感兴趣的问题进行访谈。请先设计访谈提纲，然后进行记录和归纳，并记下你的感想。

这里给你提供一份职业访谈的典型例子，你可以作为参考来设计你的访谈提纲。

## 访谈案例

访谈时间：　　年　　月　　日　　访谈方式：当面采访

访谈人：某某某　　被访谈人：某科技集团研发处黄某

被访谈人简介：黄某，硬件工程师，毕业于福州大学，大学毕业后直接签约某公司，成为一名普通的研发人员。经过几年的打拼，黄某终于在工作上取得了很大的突破，从一名普通的、不起眼的研发人员成为研发处主管，也实现了他职业发展的目标。黄某的座右铭是：成功＝实干＋敢干＋机遇。正是这种实干精神使他取得了个人职业发展的成功。

### (访谈内容)

问：因为高校扩招的原因，目前大学生的综合素质普遍有所下降，您认为我们这个专业的学生应该从哪些方面进行培养，才能更好地提升我们的素质？

答：在学校，你可以多上网，在网络上多接触一些最新的信息，多学习相关的知识。在校外，你一定要多向周边的人学习，哪怕人家只是比你早一天进入公司。因为每个人的身上有很多东西值得你去学习。

问：您每天都做些什么工作？您是否满意这样的工作现状？

答：因为我是做研发的，所以要在看书、做实验上面花很多时间。我很喜欢现在的工作，我觉得它目前可以承载我对职业的那些想象，也符合我当前的期望。

问：您认为如何才能做好这份工作？应该具备哪些知识、技能或者经验之类的？

答：任何工作都需要一个人全心全意地投入，而且应该满怀热情。喜欢，是做好的前提。我觉得很多知识和技能并不是在学校学习中获得的，而更多的是在走向工作岗位之后，在工作中抱着一种开放、包容、谦虚、好奇的态度慢慢习得的。当然，现在你们可以多看一些这方面的书籍，了解一下行业的相关动态，确定自己所要研究的方向，这样能更好地为你以后的工作打下良好的基础。

问：在您的工作领域里，初级职位和略高级别职位的薪水一般是什么水平？

答：每个公司的薪酬水平有所不同，很难有一个统一的标准。

问：据您所知，从事这份工作的人在单位或同行业内的发展前景如何？

答：目前，显示器和TV行业现有的人员构成并不是非常合理，尽管做这个方面的人相当多，但是非常缺少能够独当一面的优秀研发人才。总的来说就是，高层人才比较欠缺，低层人员泛滥。所以，对于每一个想要在这个行业有所发展的人来说，机遇和挑战是同时并存的。

1. 你准备找自己能接触到的哪个（些）人？

2. 你为什么要找这个（些）人？

3. 先列出你的访谈提纲，然后去采访，最后将访谈内容整理在下面的方框中。

4. 通过这次访谈，你有什么感想？

## 多角度职业访谈，了解自己的职业家谱

1. 我的亲戚朋友中最多人从事的职业是什么？我想要从事这种职业吗？为什么？

2. 爸爸妈妈如何形容他们的职业？他们平时会提到哪些职业？

3. 亲戚朋友感到满意或羡慕的是哪些职业？我如何看待这些职业？

4. 我的家人常提到的有关职业的事情有哪些？这些事情对我的影响是

什么？

5. 结合对自己的认知分析以及职业兴趣测评，想一想，哪些职业是我绝对不会考虑的？哪些职业是我会考虑的？

6. 与我会考虑的职业相对应的专业有哪些？

7. 有哪些大学开设了我想选择的专业？哪些大学在这一专业上是强势专业（或是该大学的特色专业）？

8. 这些专业的社会需求情况如何？

# 第四节　职业生涯规划

职业生涯阶段划分为探索期（正式工作前）、职业前期（工作3～5年）、职业中期（30～50岁）、职业晚期（50～65岁甚至更晚）。

**1. 探索期（当下）**

描述：学会学习，学会自我认知，学会自我分析，自我潜能发掘。

任务：学习能力的提高、自我全面发展、良好的人际关系、耐挫能力的培养。

要求：学会自我评价，学会与人相处，学会自我激励，学会自我定向。

**2. 职业前期（立业）**

描述：学会自己做事、被同事接受、获得成功和失败的事例。

任务：工作的挑战性、在某个领域形成技能、开发创造力和革新精神。

要求：学会面对失败，学会处理混乱和竞争，学会处理工作和家庭的冲突，学习自主。

**3. 职业中期**

描述：一般在30~50岁之间。个人绩效可能提高，也可能不变或降低。

任务：技术更新、培训和指导的能力转入需要新技能的新工作、开发更广阔的工作视野。

要求：表达中年的感受，重新思考自我与工作、家庭、社区的关系，减少自我陶醉。

### 4. 职业晚期

描述：继续发展者可以安然处之，生涯开发停滞或衰退者将面临困境。

任务：计划退休、从权力角色转向咨询角色、确认和培养继承人、从事公司事务以外的活动。

要求：评估自己的职业生涯，接受自己的新角色，培养工作以外的兴趣，在公司外部的活动中找到自我的统一 。

## 寻找兴趣岛

### 1. 背景

在遥远的海上，有六个小岛，每个岛上都住着一群个性和职业相似的居民。现在，你有一个月的假期，可以到这六个小岛当中的一个岛上去生活，跟他们接触，采访他们，了解他们。每个人只可以选择去其中的一个小岛，所以一定要选出你最喜欢的小岛哦！

第一个小岛叫作艺术岛。这里的居民都富有想象力、创造力，都是喜欢自由、追求理想的人。他们大多从事艺术、写作或者设计方面的工作。

第二个小岛叫作社会岛。这里的居民个性温和友善，喜欢与人交往，乐于助人。他们大多数是教师、护士或者社会工作者。

第三个小岛叫作企业岛。这里的居民个个能言善道、冲劲十足，并且喜欢接受挑战。他们大多数是律师、政治家或者企业经理。

第四个小岛叫作传统岛。这里是一个井然有序的社区，这里的居民个性冷静、一丝不苟，对于处理文书和数字很有耐心。他们大多数是会计师、秘书或者图书管理员。

第五个小岛叫作实际岛。这里的居民个性老实，做事勤劳，凡事喜欢自己动手做。他们大部分从事农业、技术行业或者工程设计工作。

第六个小岛叫作研究岛。这里的居民很重视客观事实，擅长观察、思考、分析，喜欢研究各种事物。他们大多数是科学家、医生或者哲学家。

**2. 给你一分钟的时间，找到自己最喜欢的小岛，并在小岛的椅子上坐好**

（1）你选择的小岛是____________________

（2）你选择这个小岛的原因是____________________

（3）和你选择了同一个小岛的同学有____________________

（4）你和他们平时的共同之处在于____________________

## 霍兰德职业兴趣测量表

人的个性与职业有着密切的关系，不同职业对从业者的人格特征的要求是有差距的。通过科学的测试，可以预知自己的个性特征，这有助于选择适合于个人发展的职业。你将要阅读的这个职业人格自测问卷，可以帮助你做个性自评，从而知道自己的个性特征更适合从事哪方面的工作。

**请根据对每一题目的第一印象作答，不必仔细推敲，答案没有好坏、对错之分。具体的填写方法是，根据自己的情况，如果选择“是”，请打“√”，否则请打“×”。**

1. 我喜欢把一件事情做完后再做另一件事。（ ）
2. 在工作中，我喜欢独自筹划，不愿受别人干涉。（ ）

3. 在集体讨论中，我往往保持沉默。（　　）
4. 我喜欢做戏剧、音乐、歌舞、新闻采访等方面的工作。（　　）
5. 每次写信，我都一挥而就，不再反复修改。（　　）
6. 我经常不停地思考某一问题，直到想出正确的答案。（　　）
7. 对别人借我的和我借别人的东西，我都能记得很清楚。（　　）
8. 我喜欢抽象思维的工作，不喜欢动手的工作。（　　）
9. 我喜欢成为人们注意的焦点。（　　）
10. 我喜欢不时地夸耀一下自己取得的成就。（　　）
11. 我曾经渴望有机会参加探险。（　　）
12. 当一个人独处时，我会感到更愉快。（　　）
13. 我喜欢在做事情之前，对这件事情做出细致的安排。（　　）
14. 我讨厌修理自行车、电器一类的工作。（　　）
15. 我喜欢参加各种各样的聚会。（　　）
16. 我愿意从事虽然工资少、但是比较稳定的职业。（　　）
17. 音乐能使我陶醉。（　　）
18. 我办事很少思前想后。（　　）
19. 我喜欢经常请示上级。（　　）
20. 我喜欢需要运用智力的游戏。（　　）
21. 我很难做那种需要持续集中注意力的工作。（　　）
22. 我喜欢亲自动手制作一些东西，并从中得到乐趣。（　　）
23. 我的动手能力很差。（　　）
24. 和不熟悉的人交谈对我来说毫不困难。（　　）
25. 和别人谈判时，我总是很容易放弃自己的观点。（　　）
26. 我很容易结识同性朋友。（　　）
27. 对于社会问题，我通常持中庸的态度。（　　）
28. 当开始做一件事情后，即使碰到再多的困难，我也会执着地做下去。（　　）

29. 我是一个沉静而不易动感情的人。（　　）
30. 当工作时，我喜欢避免干扰。（　　）
31. 我的理想是当一名科学家。（　　）
32. 与言情小说相比，我更喜欢推理小说。（　　）
33. 有些人太霸道，有时明明知道他们是对的，我也要和他们对着干。（　　）
34. 我爱幻想。（　　）
35. 我总是主动地向别人提出自己的建议。（　　）
36. 我喜欢使用榔头一类的工具。（　　）
37. 我乐于解除别人的痛苦。（　　）
38. 我更喜欢自己下了赌注的比赛或游戏。（　　）
39. 我喜欢按部就班地完成要做的工作。（　　）
40. 我希望能经常换不同的工作来做。（　　）
41. 我总留有充裕的时间去赴约会。（　　）
42. 我喜欢阅读自然科学方面的书籍和杂志。（　　）
43. 如果掌握一门手艺并能以此为生，我会感到非常满意。（　　）
44. 我曾渴望当一名汽车司机。（　　）
45. 听别人谈论“家中被盗”一类的事，很难引起我的同情。（　　）
46. 如果待遇相同，我宁愿当商品推销员，而不愿当图书管理员。（　　）
47. 我讨厌跟各类机械打交道。（　　）
48. 我小时候经常把玩具拆开，把里面看个究竟。（　　）
49. 当接受新任务后，我喜欢以自己的独特方法去完成它。（　　）
50. 我有文艺方面的天赋。（　　）
51. 我喜欢把一切安排得整整齐齐、井井有条。（　　）
52. 我喜欢当一名教师。（　　）
53. 和一群人在一起的时候，我总想不出恰当的话来说。（　　）
54. 看情感影片时，我常禁不住眼圈泛红。（　　）

55. 我讨厌学数学。（ ）

56. 在实验室里独自做实验会令我感到寂寞难耐。（ ）

57. 对于急躁、爱发脾气的人，我仍能以礼相待。（ ）

58. 遇到难以解答的问题时，我常常放弃。（ ）

59. 大家都认为我是一个勤劳踏实的、愿意为大家服务的人。（ ）

60. 我喜欢在人事部门工作。（ ）

| **计算方法：**职业人格的类型（符合以下“是”或“否”答案的记1分，不符合的记0分） |
|---|
| 常规型“是”（7，19，29，39，41，51，57），否（5，18，40） |
| 现实型“是”（2，13，22，36，43），否（14，23，44，47，48） |
| 研究型“是”（6，8，20，30，31，42），否（21，55，56，58） |
| 管理型“是”（11，24，28，35，38，46，60），否（3，16，25） |
| 社会型“是”（26，37，52，59），否（1，12，15，27，45，53） |
| 艺术型“是”（4，9，10，17，33，34，49，50，54），否（32） |

请将得分最高的三种类型从高到低排列，得出一个（或两个）三位组合答案，再对照《人格类型与职业环境的匹配》和《测试结果与职业匹配对照表》，得出人格类型所匹配的职业。

## 人格类型与职业环境的匹配

| 型　态 | 人格倾向 | 典型职业 |
|---|---|---|
| 现实型 R | 具有顺从、坦率、谦虚、自然、坚毅、实际、有礼、害羞、稳健、节俭的特征，表现为：<br>1. 喜爱实用性的职业或情境，以从事所喜好的活动，避免社会性的职业或情境。<br>2. 用具体实际的能力解决工作及其他方面的问题，较缺乏人际关系方面的能力。<br>3. 重视具体的事物，如金钱、权力、地位等。 | 工人<br>农民<br>土木工程师 |
| 研究型 I | 具有分析、谨慎、批评、好奇、独立、聪明、内向、条理、谦逊、精确、理性、保守的特征，表现为：<br>1. 喜爱研究性的职业或情境，避免企业性的职业或情境。<br>2. 用研究的能力解决工作及其他方面的问题，即自觉、好学、自信，重视科学，但缺乏领导方面的才能。 | 科研人员<br>数学、生物学方面的专家 |
| 艺术型 A | 具有复杂、想象、冲动、独立、直觉、无秩序、情绪化、理想化、不顺从、有创意、富有表情、不重实际的特征，表现为：<br>1. 喜爱艺术性的职业或情境，避免传统性的职业或情境。<br>2. 富有表达能力和直觉、独立、有创意、不顺从（包括表演、写作、语言），并重视审美的领域。 | 诗人<br>艺术家 |

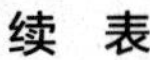

续 表

| 型　态 | 人格倾向 | 典型职业 |
| --- | --- | --- |
| 社会型 S | 具有合作、友善、慷慨、助人、仁慈、负责、圆滑、善社交、善解人意、说服他人、理想主义等特征，表现为：<br>1. 喜爱社会性的职业或情境，避免实用性的职业或情境，并以社交方面的能力解决工作及其他方面的问题，但缺乏机械能力与科学能力。<br>2. 喜欢帮助别人、了解别人，有教导别人的能力，且重视有关社会与伦理的活动和问题。 | 教师<br>牧师<br>辅导人员 |
| 企业型 E | 具有冒险、野心、独断、冲动、乐观、自信、追求享受、精力充沛、善于社交、获取注意、知名度高等特征，表现为：<br>1. 喜欢企业性的职业或情境，避免研究性的职业或情境，会以企业方面的能力解决工作或其他方面的问题。<br>2. 冲动、自信、善社交、知名度高、有领导与语言能力，缺乏科学能力，但重视政治与经济上的成就。 | 推销员<br>政治家<br>企业家 |
| 事务型 C | 具有顺从、谨慎、保守、自控、服从、规律、坚毅、实际、稳重、有效率、缺乏想象力等特征，表现为：<br>1. 喜欢传统性的职业或情境，避免艺术性的职业或情境，会以传统的能力解决工作或其他方面的问题。<br>2. 喜欢顺从、规律，有文书与数字能力，并重视商业与经济上的成就。 | 出纳<br>会计<br>秘书 |

## 测试结果与职业匹配对照表

RIA: 牙科技术员、陶工、建筑设计员、模型工、细木工、制作链条人员。

RIS: 厨师、林务员、跳水员、潜水员、染色员、电器修理工、眼镜制作工、电工、纺织机器装配工、服务员、装玻璃工人、发电厂工人、焊接工。

RIE：建筑和桥梁工程、环境工程、航空工程、公路工程、电力工程、信号工程、电话工程、一般机械工程、自动工程、矿业工程、海洋工程、交通工程等方面技术人员，制图员，家政经济人员，计量员，农民，农场工人，农业机械操作，清洁工，无线电修理，汽车修理，手表修理，管工，线路装配工，工具仓库管理员。

RIC: 船上工作人员、接待员、杂志保管员、牙医助手、制帽工、磨坊工、石匠、机器制造工、机车（火车头）制造工、农业机器装配工、汽车装配工、缝纫机装配工、钟表装配和检验工、电动器具装配工、鞋匠、锁匠、货物检验员、电梯机修工、装配工、托儿所所长、钢琴调音员、印刷工、建筑钢铁工、卡车司机。

RAI: 手工雕刻工、玻璃雕刻工、制作模型人员、家具木工、皮革品制作工、手工绣花工、手工钩针纺织工、排字工、印刷工、图画雕刻工、装订工。

RSE：消防员、交通巡警、警察、门卫、理发师、房间清洁工、屠夫、锻工、开凿工人、管道安装工、出租汽车驾驶员、货物搬运工、送报员、勘探员、娱乐场所服务员、起卸机操作工、灭害虫者、电梯操作工、厨房助手。

RSI: 纺织工、编织工、农业学校教师、某些职业课程教师（如艺术、商业、技术、工艺课程）、雨衣上胶工。

REC：抄水表员、保姆、实验室动物饲养员、动物管理员。

REI：轮船船长、航海领航员、大副、试管实验员。

RES：旅馆服务员、家畜饲养员、渔民、渔网修补工、水手长、收割机操作工、搬运行李工人、公园服务员、救生员、登山导游、火车工程技术员、建筑工、铺轨工人。

RCI：测量员、勘测员、仪表操作者、农业工程技术、化学工程技师、民用工程技师、石油工程技师、资料室管理员、探矿工、煅烧工、烧窖工、矿工、炮手、保养工、磨床工、取样工、样品检验员、纺纱工、漂洗工、电焊工、锯木工、刨床工、制帽工、手工缝纫工、油漆工、染色工、按摩工、木匠、电影放映员、勘测员助手。

RCS：公共汽车驾驶员、一等水手、游泳池服务员、裁缝、建筑工作者、石匠、烟囱修建工、混凝土工、电话修理工、爆炸手、邮递员、矿工、裱糊工人、纺纱工。

RCE：打井工、吊车驾驶员、农场工人、邮件分类员、铲车司机、拖拉机司机。

IAS：普通经济学家、农场经济学家、财政经济学家、国际贸易经济学家、实验心理学家、工程心理学家、心理学家、哲学家、内科医生、数学家。

IAR：人类学家、天文学家、化学家、物理学家、医学病理家、动物标本剥制者、化石修复者、艺术品管理者。

ISE：营养学家、饮食顾问、火灾检查员、邮政服务检查员。

ISC：侦察员、电视播音室修理员、电视修理服务员、验尸室人员、编目录者、医学实验室技师、调查研究者。

ISR：水生生物学者、昆虫学者、微生物学家、配镜师、矫正视力者、细菌学家、牙科医生、骨科医生。

ISA：实验心理学家、普通心理学家、发展心理学家、教育心理学家、社会心理学家、临床心理学家、目标学家、皮肤病学家、精神病学家、妇产科医师、眼科医生、五官科医生、医学实验室技术专家、民航医务人员、护士。

IES：细菌学家、生理学家、化学专家、地质专家、地理物理学专家、纺织技术专家、医院药剂师、工业药剂师、药房营业员。

IEC：档案保管员、保险统计员。

ICR：质量检验技术员、地质学技师、工程师、法官、图书馆技术辅导员、计算机操作员、医院听诊员、家禽检查员。

IRA：地理学家、地质学家、声学物理学家、矿物学家、古生物学家、石油学家、地震学家、声学物理学家、气象学家、原子和分子物理学家、电学和磁学物理学家、设计审核员、人口统计学家、数学统计学家、外科医生、城市规划家、气象员。

IRS：流体物理学家、物理海洋学家、等离子体物理学家、农业科学家、动物学家、食品科学家、园艺学家、植物学家、细菌学家、解剖学家、动物病理学家、作物病理学家、药物学家、生物化学家、生物物理学家、细胞生物学家、临床化学家、遗传学家、分子生物学家、质量控制工程师、地理学家、兽医、放射性治疗技师。

IRE：化验员、化学工程师、纺织工程师、食品技师、渔业技术专家、材料和测试工程师、电气工程师、土木工程师、航空工程师、行政官员、冶金专家、原子核工程师、陶瓷工程师、地质工程师、电力工程师、口腔科医生、牙科医生。

IRC：飞机领航员、飞行员、物理实验室技师、文献检查员、农业技术专家、生物技师、动植物技术专家、油管检查员、工商业规划者、矿藏安全检查员、纺织品检验员、照相机修理者、工程技术员、编计算程序者、工具设计者、仪器维修工。

CRI：簿记员、会计、记时员、铸造机操作工、打字员、按键操作工、复印机操作工。

CRS：仓库保管员、档案管理员、缝纫工、讲述员、收款人。

CRE：标价员、实验室工作者、广告管理员、自动打字机操作员、电动机装配工、缝纫机操作工。

CIS：记账员、顾客服务员、报刊发行员、土地测量员、保险公司职员、会计师、估价员、邮政检查员、外贸检查员。

CIE：打字员、统计员、支票记录员、订货员、校对员、办公室工作人员。

CIR：校对员、工程职员、海底电报员、检修计划员、发报员。

CSE：接待员、通讯员、电话接线员、卖票员、旅馆服务员、私人职员、商学教师、旅游办事员。

CSR：运货代理商、铁路职员、交通检查员、办公室通信员、簿记员、出纳员、银行财务职员。

CSA：秘书、图书管理员、办公室办事员。

CER：邮递员、数据处理员、办公室办事员。

CEI：推销员、经济分析家。

CES：银行会计、记账员、法人秘书、速记员、法院报告人。

ECI：银行行长、审计员、信用管理员、地产管理员、商业管理员。

ECS：信用办事员、保险人员、各类进货员、海关服务经理、售货员、购买员、会计。

ERI：建筑物管理员、工业工程师、护士长、农场管理员、农业经营管理人员。

ERS：仓库管理员、房屋管理员、货栈监督管理员。

ERC：邮政局局长、渔船船长、机械操作领班、木工领班、瓦工领班、驾驶员领班。

EIR：科学、技术和有关周期出版物的管理员。

EIC：专利代理人、鉴定人、运输服务检查员、安全检查员、废品收购人员。

EIS：警官、侦察员、交通检验员、安全咨询员、合同管理者、商人。

EAS：法官、律师、公证人。

EAR：展览室管理员、舞台管理员、播音员、训兽员。

ESC：理发师、裁判员、政府行政管理员、财政管理员、工程管理员、售货员、职业病防治员、商业经理、办公室主任、人事负责人、调度员。

ESR：家具售货员、书店售货员、公共汽车驾驶员、日用品售货员、护士长、自然科学和工程的行政领导。

ESI：博物馆管理员、图书馆管理员、古迹管理员、饮食业经理、地区安全服务管理员、技术服务咨询者、超级市场管理员、零售商品店店员、批发商、出租汽车服务站调度。

ESA：博物馆馆长、报刊管理员、音乐器材售货员、广告商、售画营业员、导游、（轮船或班机上的）事务长、飞机上的服务员、船员、法官、律师。

ASE：戏剧导演、舞蹈教师、广告撰稿人、报刊专栏作者、记者、演员、英语翻译。

ASI：音乐教师、乐器教师、美术教师、管弦乐指挥、合唱队指挥、歌星、演奏家、哲学家、作家、广告经理、时装模特。

AER：新闻摄影师、电视摄影师、艺术指导、录音指导、丑角演员、魔术师、木偶戏演员、骑士、跳水员。

AEI：音乐指挥、舞台指导、电影导演。

AES：流行歌手、舞蹈演员、电影导演、广播节目主持人、舞蹈教师、口技表演者、喜剧演员、模特。

AIS：画家、剧作家、编辑、评论家、时装艺术大师、新闻摄影师、男演员、文学作者。

AIE：花匠、皮衣设计师、工业产品设计师、剪影艺术家、复制雕刻品大师。

AIR：建筑师、画家、摄影师、绘图员、雕刻家、环境美化工、包装设计师、绣花工、陶器设计师、漫画工。

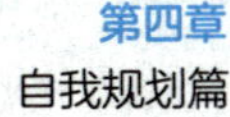

SEC：社会活动家、退伍军人服务官员、工商会事务代表、教育咨询者、宿舍管理员、旅馆经理、饮食服务管理员。

SER：体育教练、游泳指导员。

SEI：大学校长、学院院长、医院行政管理员、历史学家、家政经济学家、职业学校教师、资料员。

SEA：娱乐活动管理员、国外服务办事员、社会服务助理、一般咨询者、宗教教育工作者。

SCE：部长助理、福利机构职员、生产协调员、环境卫生管理人员、戏院经理、餐馆经理、售票员。

SRI：外科医师助手、医院服务员。

SRE：体育教师、职业病治疗者、体育教练、专业运动员、房管员、儿童家庭教师、警察、引座员、传达员、保姆。

SRC：护理员、护理助理、医院勤杂工、理发师、学校儿童服务人员。

SIA：社会学家，心理咨询者，学校心理学家，政治科学家，大学或学院的系主任，大学或学院的教育学教师、农业教师、法律教师、工程和建筑课程的教师，大学数学、医学、物理、社会科学、生命科学教师，研究生助教，成人教育教师。

SIE：营养学家、饮食学家、海关检查员、安全检查员、税务稽查员、校长。

SIC：描图员、兽医助手、诊所助理、体检检查员、娱乐指导者、监督缓刑犯的工作者、咨询人员、社会科学教师。

SIR：理疗员、救护队工作人员、手足病医生、职业病治疗助手。

1. 你的职业兴趣是________________

2. 根据自己现在的发展状态和职业测试结果，你决定自己将来的发展方向是________________

3. 与以前对自己性格、气质、能力等方面的了解，你觉得自己适合选择的专业是________________

4. 为了能够在适合自己的岗位上有所成就，你觉得自己还需要努力改善的部分是________________

________________

# 第五节　我的职业规划书

## 你看到了什么

父亲带着三个儿子到草原上猎杀野兔。到达目的地，一切准备妥当，开始行动之前，父亲向三个儿子提出了一个问题：“你看到了什么呢？”

老大回答道：“我看到了我们手里的猎枪、在草原上奔跑的野兔，还有一望无际的草原。”

父亲摇摇头说：“不对。”

老二的回答是：“我看到了爸爸、大哥、弟弟、猎枪、野兔，还有茫茫无际的草原。”

父亲又摇摇头说：“不对。”

而老三的回答只有一句话：“我只看到了野兔。”

这时，父亲才说：“你答对了。”

不少人都曾经这样问过自己：“我的人生之路到底应该怎么走？”记得一位哲人曾经说过：“走好每一步，这就是你的人生！”是啊，生命的路说长也很长，因为它是你一生意义的诠释，但是说短也确实很短，因为你生活过的每一天就是你的人生。每个人都在设计自己的人生，都在实现自己的梦想。你又准备过怎样的人生呢？无论何时，请你记住，你就是自己的生涯规划师、职业设计师，没有人能够替代你！

经过对本书的学习和体验，相信你已经对自己的性格、兴趣、能力等都有了详细的了解和客观的认知，又经历过对你感兴趣的职业人士的访谈和职业家谱的访谈，现在，请你在这里拟定一份属于自己的职业生涯规划书。

## ____________职业生涯规划书

1．我的兴趣、爱好

____________________________________________

____________________________________________

____________________________________________

____________________________________________

2. 我的优点

______

______

______

3. 我的缺点

______

______

______

4. 我的潜能

（1）我的个人能力：______

（2）我的相关经历：______

（3）我的相关知识：______

（4）我的人生格言：______

5. 我的职业性格

（1）性格的态度特征：______

（2）性格的情绪特征：______

（3）性格的意志特征：______

6. 我的职业能力

______

______

______

7. 我的职业性向

______

______

______

## 积累职业资本

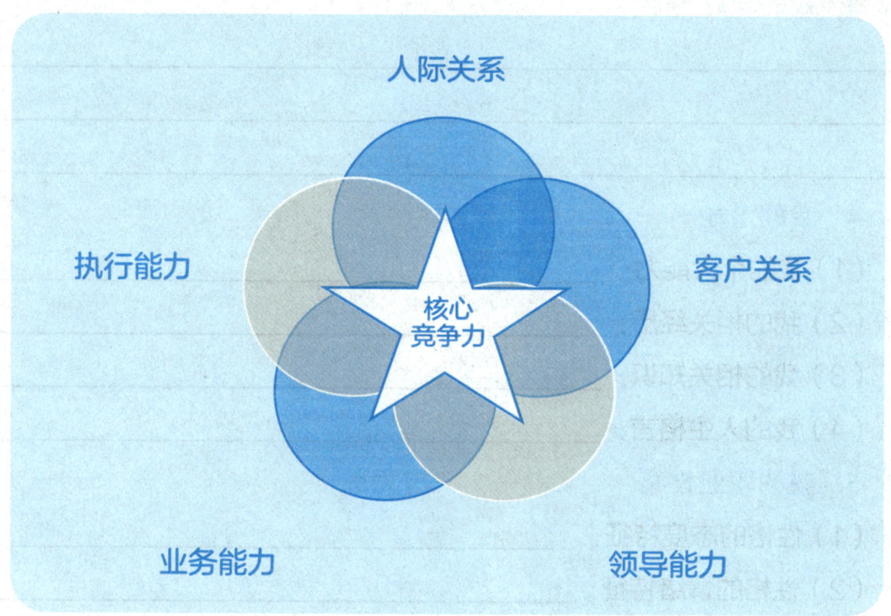


1. 以上职业资本是一个人在未来职场中的最核心的竞争力，分析一下，你的职业资本中最容易积累的是哪部分？为什么？最容易缺失的是哪部分？为什么？

______________________________

______________________________

2. 在具体的行为上，你觉得可以如何提高自己的核心竞争力？

______________________________

______________________________

# 后记

本书在编写过程中，得到了多方力量的鼎力相助，在这里一并表示感谢。首先感谢江苏省锡山高级中学的课程民主，是这种民主的课程环境让我能够有机会选择开设这门课程，也是这种民主允许我在诸多的课程内容面前进行筛选和扬弃，更是因为有了这样的民主，才能让我尝试了各种形式来完成课程内容的呈现。其次要感谢出版社在体例的确定上给予了明晰的方向引领，让本书兼具了指导性和趣味性。还要感谢与我一起战斗的伙伴，是他们及时给予我鼓励，让我顺利完成了本书的编写。

本书主题的选择过程中还存在一些遗憾，那就是在人际关系的调节部分，关于高中生的心理健康教育内容中的异性交往问题，本书中还未涉及。对此，我深表歉意。如果有机会再版，我会精心对这部分内容进行设计。